湖北省地质调查院◎组编

湖北省古生物图册
Paleontological Atlas of Hubei Province

Vol.6

<<

植物
Plant

长江出版传媒
Changjiang Publishing & Media

湖北科学技术出版社
HUBEI SCIENCE & TECHNOLOGY PRESS

图书在版编目（ＣＩＰ）数据

湖北省古生物图册．植物 / 湖北省地质调查院

组编 ．—武汉：湖北科学技术出版社，2019.10

ISBN 978-7-5706-0590-3

Ⅰ．①湖… Ⅱ．①湖… Ⅲ．①古生物—湖北—图集

②古植物—湖北—图集 Ⅳ．① Q911.726.3-64

中国版本图书馆 CIP 数据核字（2019）第 022075 号

HUBEI SHENG GUSHENGWU TUCE ZHIWU

策　　划：李慎谦　高诚毅　宋志阳	责任校对：傅　玲
责任编辑：宋志阳	封面设计：喻　杨

出版发行：湖北科学技术出版社	电话：027-87679468
地　　址：武汉市雄楚大街 268 号	
（湖北出版文化城 B 座 13-14 层）	邮编：430070
网　　址：http://www.hbstp.com.cn	
印　　刷：湖北恒泰印务有限公司	邮编：420223

787×1092　　1/16	11.5 印张　　1 插页　　280 千字
2019 年 10 月第 1 版	2019 年 10 月第 1 次印刷

定价：120.00 元

《湖北省古生物图册》编委会

主　编　朱厚伦　马　元
副主编　钟　伟　胡正祥
编　委　（以姓氏笔画排序）
　　　　王淑敏　刘贵兴　孙振华　陈公信
　　　　陈志强　徐家荣　黎作骢

前　言

　　湖北省地层古生物调查研究始于20世纪20年代,近一个世纪以来,形成了大量极具参考价值的文献、专著,其中,由原湖北省区域地质测量队完成并于1984年在湖北科学技术出版社出版的《湖北省古生物图册》就是其中的代表作之一。该专著系统、全面地总结了湖北省古生物资料,涉及16个门类、872个属、2 130个种,并附有130余幅插图及说明、270余幅图版及图版说明,较为客观地反映了湖北省各个地质时期的古生物群面貌。长期以来,《湖北省古生物图册》为湖北省及其相关地质调查研究提供了丰富翔实的资料,为科研、教学部门广泛利用,即便在今天,仍有着较高的学术参考价值。

　　然而,随着湖北省地质工作不断推进,《湖北省古生物图册》长时间未更新,已不能很好地满足新时代地学工作者的需要。首先,湖北省地层分区和部分地层划分、时代归属等基础地质问题不断完善,而《湖北省古生物图册》是在20世纪80年代地质调查背景下编写的,书中涉及地质背景方面的表述与当前认识存在出入,使得现今读者难以全面深入地理解一些古生物化石对应的地层产出层位。其次,在过去的几十年,湖北省一些行政区划及地名不断发生更改、合并、分解等变化,书中的某些地名在现有的地图上无法找寻,导致读者不能准确获得某些古生物化石的现今产地。此外,使用过程中在原"图册"中发现了一些欠规范、欠合理的表述,影响了其应有的价值。有鉴于此,为使《湖北省古生物图册》更大限度地发挥其科学价值,特进行此次修编。

　　新版《湖北省古生物图册》修编主要在原版基础上进行,保留原"图册"的体例设置、门类、属种及描述、插图、图版及说明。本次修编主要在化石产出层位、产出时代、产出地点和规范描述、查漏补缺等方面进行修正。具体体现在以下几个方面:(1)参考2014年中国地层表,"图册"中的部分地质年代单位、年代地层单位发生改变,如:将原"早寒武世"分解为"纽芬兰世、第二世",寒武系四分为纽芬兰统、第二统、第三统、芙蓉统;类似的志留系、二叠系等也做了修订。(2)地层分区、地层单位的资料参考了由湖北省地质调查院2017年完成的新一代《湖北省区域地质志》,对部分地层单位进行了更新,如:临湘组并入宝塔组,分乡组并入南津关组,崇阳组改成柳林岗组等;对部分地层时代进行了修正,如:宝塔组时代由晚奥陶世改为中—晚奥陶世,大湾组时代由早奥陶世改为早—中奥陶世,坟头组时代由中志留世改为志留纪兰多弗里世等。(3)对古生物化石产出地点行政单位名称进行了调整,如:蒲圻县改为赤壁市、襄樊市改为襄阳市、广济县改为武穴市等。对原"图册"进行了严格的图文对应,部分图片说明缺失之处做了补充,对一些古生物化石的描述术语进行了统一规范化,对文中的一些漏字、多字、错别字现象分别进行了修改,在此不一一示例。

本次修编工作由湖北省地质局主持,湖北省地质调查院具体承担修编任务,湖北科学技术出版社在文字、体例等方面做了系统修改。中国地质大学(武汉)殷鸿福院士,中国地质调查局武汉地质调查中心汪啸风教授、陈孝红教授参加了本次修编工作的申报、审定工作。在此,对所有参加《湖北省古生物图册》修编的单位和个人,表示衷心的感谢。

1984年原"图册"出版以来,国际、国内以及湖北古生物研究方面有了许多新发现、新进展。据此本次修编做了修订,但主要是以室内工作为主,未能全面系统地反映最新的进展和有关成果,请予谅解。且受修编者水平限制,难免存在错误及遗漏之处,欢迎广大读者批评、指正。

湖北省地质调查院

2019年2月

目　　录

一、化石描述

（一）褐藻门 Phaeophyta

文德带藻群 Vendotaenides Gnilovskaja, 1971

文德带藻属 *Vendotaenia* Gnilovskaja, 1971

直或均匀弯曲的带状原植体。原植体未钙化，呈薄膜状。十分宽，表面显示出纵走丝体构造。

分布与时代 苏联、中国；震旦纪。

古老文德带藻 *Vendotaenia antiqua* Gnilovskaja
（图版1,1～4）

藻体为薄膜状条带，呈咖啡色，保存在黑色板状灰岩的层面上。条带状藻体细而长，常扭转，折叠或弯曲成各种各样的形态，宽0.30～2.00mm，长度不一，最长可达25～30mm。通常藻体中段稍宽，向两端逐渐变窄。未发现可靠的分支。只在少数标本中，见到5～6根带状体似乎从一点向四周伸展，形成一个似海星状的结构（图版1,2）。据此推测，本藻类在生活期间其原叶体可能从一点向上呈束状生长。当它死亡后，多体原叶体解体为许多带状体。图片上有大量薄膜状条带，可能是本藻类原叶体解体后的残体印膜。未发现固着器一类的器官。藻体表面光滑，只有少数藻体表面顺带状延伸方向具线状结构。

产地层位 宜昌市夷陵区莲沱石板滩；上震旦统—寒武系纽芬兰统灯影组石板滩段。

对称文德带藻 *Vendotaenia didymos* Cao et Zhao
（图版1,5、6）

原叶体由两根带状体组成，长近20mm。两根带状体从一点向上对称近平行伸展。带状体宽0.70～1.50mm。带状体表面光滑，其外侧似具不明显的锯齿状结构。

产地层位 宜昌市夷陵区莲沱石板滩；上震旦统—寒武系纽芬兰统灯影组石板滩段。

基拉索带藻属 *Tyrasotaenia* Gnilovskaja, 1971

与文德带藻比较接近的带状原植体。但个体较小，表面较光滑。

分布与时代 苏联、中国；震旦纪。

帕道里基拉索带藻(相似种) *Tyrasotaenia* cf. *podolica* Gnilovskaja

（图版2,1～3）

藻类原叶体印膜,窄带状,薄,常以弯曲或盘卷状态存在,少数情况下较平直。宽0.2～0.5mm,可见长度2～21mm。常在岩石中成群地保存下来。个别标本在带状原叶体的一端呈分叉状,可能是藻类的固着器。印痕呈黑色或黑褐色。

产地层位 秭归县庙河,宜昌市夷陵区南沱、李家湾、莲沱石板滩;上震旦统—寒武系纽芬兰统灯影组石板滩段。

（二）红藻门 Rhodophyta

管藻属 *Siphonia* Cao et Zhao,1974

藻体为许多管体。藻体近平行或交错生长。管体大小不匀,较大或较小,肉眼勉强可见到。一般管壁较直,横切面六边形。

分布与时代 贵州北部、四川、陕西、湖北;晚震旦世。

管藻(未定种) *Siphonia* sp.

（图版2,9）

藻体为较均匀的管体,仅有横切面,近于六边形。管体横断面宽0.10～0.25mm。

产地层位 南漳县朱家峪;上震旦统—寒武系纽芬兰统灯影组下部。

（三）蓝藻门 Cyanophyta

原蓝球藻属 *Praechroococcus* Vologdin,1958

藻类群体为许多圆形的细胞组成。细胞的直径达0.06mm。细胞被包围在黏液薄膜内。

分布与时代 西伯利亚,中国华北、甘肃、四川、湖北;震旦纪。

原蓝球藻(未定种) *Praechroococcus* sp.

（图版2,10）

球状原叶体,球状细胞被包围在黏液薄膜内。细胞直径约为0.10mm,较属征范围稍大。

产地层位 京山市余家冲;震旦系上部硅质层中。

斑点藻属 *Balios* Tsao,Chen et Chu,1965

群体球形或椭球形,不等大,直径0.035～0.160mm,其外围附着丰富的半透明的黏液质。

分布与时代　北京、四川、陕西、贵州、湖北；震旦纪。

斑点藻（未定种）　*Balios* sp.
（图版2,7、8）

暗色斑点状群体，呈亚球形。直径0.02～0.06mm。常粘在一起，或粘连呈丝条状。外围附着半透明的黏液质。

产地层位　南漳县朱家峪；上震旦统—寒武系纽芬兰统灯影组下部。

（四）有疑问的藻类化石

针刺藻属　*Acus* Tsao et Zhao,1974

藻体（？）为许多细、短的管体。管体小，肉眼不可见，针刺状，顶端闭合，不分叉或二分叉。管长一般小于1.00mm，宽小于0.08mm。管体横切面次圆形。这些管状藻体（？）从不单个出现，通常大量附生在岩屑或藻灰结核的表面，呈层状分布。有时，一层接一层地生长，连续生长3～4层。有时，连续生长多层，在纵断面上形成一系列似同心层状的"假组织"。

分布与时代　四川、陕西、贵州、湖北；晚震旦世。

针刺藻（未定种）　*Acus* sp.
（图版2,4～6）

藻体（？）呈细、短的针刺管状，丛生，不单个出现。附生于岩屑表面，层状分布，一层接一层地生长，连续多层。

产地层位　南漳县朱家峪；上震旦统—寒武系纽芬兰统灯影组下部。

（五）叠层石

叠层石化石结构尚不清楚，为不明确生物结构的叠层石大类。
在叠层体中仅保存有一般的微细结构或可疑的生物结构的叠层石。

1.锥叠层石类

组成叠层体的基本层呈锥形或不同的派生形态；叠层体呈锥状、锥柱状或板状等不同形态。

锥叠层石群　*Conophyton* Maslov,1937

叠层体呈锥状或次圆柱状，不分叉。在地层中呈直立或近似直立生长。横断面呈圆形或椭圆形，少数呈拉长的椭圆形、菱形，甚至为不规则形态。柱体侧部无壁，体表面平坦或凹凸不平，有时具檐和连层，在某些情况下，基本层可以从一个叠层体连向另一个叠层体，这时就往往形成向上和向下的两个锥形和穹形尖端，但其轴带的尖端总是指向地层上方。基本层呈锥形或似锥形，尖端向上有不同方向。通常在其轴部加厚形成轴带，而其他部位厚度稳定。因此，在横断面上呈同心圆形。某些情况下，横断面具放射积，可达4～6个。基本层的微构造，有条带状、线状和凝块状等不同类型（图1）。

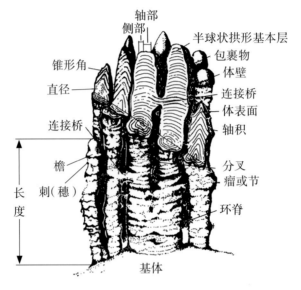

图1 叠层石各部分构造

分布与时代 中国、印度、澳大利亚，欧亚北部、北美洲、南非、北非等；新元古代。

加尔加诺锥叠层石 *Conophyton garganicum* Koroljuk（emend. Komar）
（图版3,1、2）

叠层体呈锥柱状，彼此互相平行，大致垂直于地层生长，直径一般下端为10～30cm，高为50～150cm，个体还有更大者。不分叉，无体壁。横断面呈圆形、次圆形。具轴带，轴部厚，向两侧变薄。基本层呈规则的锥状，顶锥角较小，为30°～40°。基本层之间继承性和对称性较好，相互间一层套一层地规则生长。基本层的微构造呈规则的线状类型。

产地层位 神农架林区神农架主峰大窝坑；神农架群大窝坑组、矿石山组。

湖北锥叠层石（新形） *Conophyton hubeiense* Z. H. Sun（for. nov.）
（图版3,3、4）

叠层体较大，略呈柱状或柱锥状，垂直于地层生长，叠层体本身为暗色含有机质较高的碳酸盐组成。直径一般为10～15cm，高20～50cm。不分叉。表面凹凸不平。基本层呈锥形或尖锥形，不是呈规则的抛物线状的锥形，而在其侧部基本层有折曲而突出。基本层一层套一层地生长，但层间并不很均匀。基本层锥顶角为40°左右。基本层的对称性差。基本层的微构造为线状。主要为规则连续线状,偶见断续细线状微构造。本新形的基本层形状为不规则而窄的抛物线锥形,而在两侧基本层有折曲而突出。故定为新形。

产地层位 神农架林区长岩屋;神农架群矿石山组。

喇叭状锥叠层石 *Conophyton lituum* Maslov
（图版 3,5、6）

叠层体呈柱状或柱锥状。直径为 10～20cm,高为 30～50cm。体表面不平整,有疙瘩状突起。横断面呈不规则同心圆状。轴带不规则。不分叉。无体壁。基本层呈紧密锥形,锥顶尖圆,顶角为 10°～20°。对称性尚好。一层套一层地生长。基本层的微构造为断续的（不连续的）凝块状。凝块呈暗棕色,呈次圆形或次长圆形。凝块之间或断续相连,或相距较远。

产地层位 神农架林区台子上;神农架群郑家垭组。

2. 锥穹叠层石类

组成叠层体的基本层有锥状和穹状两种形态,一般情况下相互融合形成柱状和锥状的柱体外貌。

锥穹叠层石群 *Conicodomenia* Liang et al.,1979

叠层体由细长的次圆柱状柱体组成。平行分叉至加粗平行分叉,通常分叉 1 次。柱体由锥形和穹形两类基本层组成,在生长过程中这两类基本层交替发育形成柱体。无壁,但与围岩界限清楚。基本层的微构造,主要为凝块状。

分布与时代 华北燕辽地区、湖北西部;晚元古代。

锥穹叠层石（未定形） *Conicodomenia* for.
（图版 3,8）

叠层体由次圆柱状之柱体组成,柱体间互相平行。柱体直径为 5～8cm,高为 20～50cm。垂直于地层生长。柱体由两种基本层组成:锥形基本层和穹形基本层。锥形基本层锥顶角为 60°～70°,叠层体为简单平行分叉,无壁,无檐。

产地层位 神农架林区石槽河;神农架群石槽河组。

3. 穹叠层石类

组成叠层体的基本层呈穹状和其不同的衍生物;组成叠层体的柱体,一般呈柱状、板状、杯状、块茎状等不同形态。

（1）不分叉穹叠层石亚类

圆柱叠层石群 *Colonnella* Komar，1964

叠层体呈柱状至次圆柱状，大小不一，不分叉。基本层为上凸较大的半球状至深筒状穹形，比较规正。多数无壁，但体表面平整。横断面呈圆形或椭圆形。基本层的微构造随型的不同而有变化，但多清楚稳定。

分布与时代 中国，欧亚北部、北美洲；新元古代。

圆柱叠层石（未定形） *Colonnella* for.
（图版5,4、5）

叠层体呈次圆柱状，柱体之间平行排列，垂直于地层生长。柱体直径一般为4～8cm，高为30～100cm。柱体不分叉。无体壁，但与围岩界限清楚。柱体之间无连接构造。横断面呈圆形至次圆形。基本层为稳定穹形，继承性好，对称性稍次。一层叠一层地生长。基本层微构造为线状。

产地层位 京山市罗汉岭；打鼓石群罗汉岭组。神农架林区石槽河；神农架群石槽河组。

拟圆柱叠层石群 *Paracolonnella* Liang et Tsao，1974

不分叉柱状叠层石，柱体微弯曲，较有规律地膨胀和收缩。具侧壁，但不甚显著。基本层穹形，平缓。

分布与时代 天津市蓟州区、湖北；新元古代。

罗汉岭拟圆柱叠层石（新形） *Paracolonnella luohanlingensis* Z. H. Sun（for. nov.）
（图版5,1～3）

叠层体呈不分叉的圆柱体，多个个体集合成群体，垂直于地层生长。单个柱体直径为2～5cm，高为30～40cm。柱体呈微弯曲，较有规律地膨胀和收缩，有的不甚明显。各柱体的膨胀和收缩不在同一水平面上，足见叠层体生长过程中不受外界环境的影响。各柱体之间互相呈游离状，无连接构造。基本层穹形，较平缓。具侧壁，但不甚明显。横断面为不规则的次圆形或次椭圆形。

本新形柱体有规则的膨胀和收缩，故将其归入*Paracolonnella*群中，但本新形不分叉，且个体较细小，故定为新形。

产地层位 京山市罗汉岭；打鼓石群。

峨山叠层石群 *Oshania* Tsao，1973

叠层体近圆柱状，不分叉，直立，丛生。横切面呈圆形，连接桥非常发育。

分布与时代 云南、湖北;新元古代。

峨山叠层石(未定形) *Oshania* for.
(图版3,7)

叠层体呈近圆柱形,丛生状,垂直于地层生长。不分叉,但柱体之间有极其发育的连接桥相连接。基本层呈穹弧状。

产地层位 神农架林区九冲;神农架群郑家垭组。

(2)分叉穹叠层石亚类
铁岭叠层石群 *Tielingella* Liang et Cao,1974

叠层体由粗大的柱状或扁柱状柱体组成。以简单平行分叉和加粗平行分叉为主,个别情况下有微散开分叉。体表面光滑平整,不具明显的壁。基本层微构造主要为带状类型,亦有线状和凝块状类型。

分布与时代 华北燕辽地区,秦岭东部,湖北神农架、大洪山;新元古代。

铁岭铁岭叠层石 *Tielingella tielingensis* Liang et Tsao
(图版4,1、2)

叠层体呈粗大的柱状体或扁柱状体。直径为30～50cm,高为80～100cm。柱体平行排列,垂直于地层生长。柱体呈简单平行分叉。基本层呈平缓的穹形,继承性和对称性较好,一层叠一层地生长。叠层体具不明显的体壁,一般不具清楚的檐和横脊。基本层的微构造主要为带状。

产地层位 京山市邓家塘;打鼓石群。神农架林区石槽河;神农架群石槽河组。

京山铁岭叠层石(新形) *Tielingella jingshanensis* Z. H. Sun(for. nov.)
(图版5,6、7)

叠层体为极其简单的而较小的圆柱体。呈二分叉,高为20cm。母柱体直径为18cm。分叉后的两个子柱体近于平行,子柱体一稍大,一较小;大者直径为18cm,小者直径为9cm。另有一个个体更小,不分叉。基本层平缓穹状,薄而密集,在侧部延伸下垂成多层壁侧部光滑,无横肋和檐。基本层微构造为带状。

比较 根据叠层体呈简单二分叉,两个子柱体近于平行,无横肋和檐,因此将本叠层石归于 *Tielingella* 群。但本叠层石的子柱体一稍大一较小,基本层在侧部下垂成多层壁,并在属群中为个体较小者。因此不同于模式形,故定为新形。

产地层位 京山市邓家塘;打鼓石群。

蓟县叠层石群　*Chihsienella* Liang et Cao,1974

叠层体由规则的次圆柱状或扁柱状柱体组成。通常为加粗平行分叉和简单平行分叉,有时具很特别的融合现象。柱体侧部多具有特种壁,体表面光滑平整。基本层呈上凸的平缓穹形,继承性和对称性较好。其微构造多为带状、线状和凝块状等混生在一起的类型。

分布与时代　华北燕辽地区,秦岭东部,湖北大洪山、神农架;新元古代。

蓟县蓟县叠层石　*Chihsienella chihsienensis* Liang et Tsao
（图版4,6、7）

叠层体由规则而窄长的圆柱体组成,柱体之间互相平行排列,垂直于地层生长。柱体单个直径为4～5cm,高为70～80cm。分叉少,偶有简单的分叉,或相近的2个柱分叉成3个柱体,或有时有融合现象。柱体之间间隙小,一般仅1cm左右。基本层为平缓的穹形,一层叠一层地生长。柱体侧部具黏液质或凝块形成的特种壁,体表面光滑。横断面呈圆形或次圆形,有的几个串连成串珠状。基本层微构造为带状、凝块状混合类型。

产地层位　京山市罗汉岭、高关水库;打鼓石群。神农架林区石槽河;神农架群石槽河组。

贝加尔叠层石群　*Baicalia* Krylov,1963

叠层体由土豆块状的柱体组成,柱体膨胀收缩的现象显著。一般为散开的二分叉,轴不平行,基部收缩。体侧部多没有体壁,而为参差不齐的檐,有连层。基本层为上凸的穹形,凸起程度有不同变化。横断面呈大小不一的圆形和次圆形。基本层的微构造,可有不同的类型。

分布与时代　中国、印度、纳米比亚、美国、澳大利亚,欧亚北部、北非;新元古代。

贝加尔贝加尔叠层石（相似形）　*Baicalia* cf. *baicalica*（Maslov）Krylov
（图版4,3～5）

叠层体由膨胀收缩的土豆块状柱体组成。柱体直径一般为3～5cm。一般为基部收缩的二分叉,有时为多分叉,其轴不平行地向上散开生长。体表面不平整,没有体壁,有参差不齐的檐和连层。横断面为大小不一的圆形或次圆形。基本层呈上凸的穹形,凸起程度有不同的变化。一层叠一层地生长,但继承性稍差。基本层的微构造大致为亮暗两种微层组成的壳层状类型。

产地层位　神农架林区石槽河、老君山;神农架群石槽河组。

墙状叠层石群 *Scopulimorpha* Liang, 1962

叠层体由板状柱体组成。为简单平行分叉到加宽平行分叉为主。横断面呈长圆形和长条形。基本层呈上凸的叠瓦状拱形,相互叠合生长。基本层的微构造,有带状、线状和壳状等不同类型。

分布与时代 中国,欧亚北部;新元古代。

规则墙状叠层石 *Scopulimorpha regularis* Liang
(图版5,9)

叠层体由定向延伸板状或墙状柱体组成。彼此平行排列,垂直于地层生长。纵断面柱体墙宽为3～5cm。叠层体横断面为长条状,纵断面为长柱状。柱体之间互相平行,呈隔墙状。露头上仅见简单分叉状之二分叉。基本层呈上凸的叠瓦状穹形,一层叠一层地生长。柱体侧部有时形成体壁,柱体表面光滑平整,偶有少量参差不齐的檐。基本层微构造主要为带状和凝块状类型。

产地层位 京山市陈家冲;打鼓石群。神农架林区石槽河;神农架群石槽河组。

4.球叠层石类

组成叠层石的基本层呈封闭或半封闭的球状。叠层体通常为球形、长圆形和陀螺形等不同形态。

包心菜叠层石群 *Cryptozoon* Hall, 1883

叠层体呈扁平的包心菜状或陀螺状,大小可有不同的变化。不分叉。基本层为向上凸起并横向增大的球状穹形,开始时起于一点,一层包含一层地生长。基本层的微构造可有不同的类型。

分布与时代 华北地区、湖北,北美洲;新元古代。

包心菜叠层石(未定形) *Cryptozoon* for.
(图版5,8)

叠层体呈包心菜状,球径约为10cm,高度略低。不分叉。叠层体表面光滑。基本层呈上大下小的包心菜状的圆球形,一层包一层地生长,但开始起于一点。基本层的微构造为线状。

产地层位 京山市邓家塘;打鼓石群。

高等植物基本构造

植物界可分为低等和高等植物两大类。低等植物有菌类和藻类。高等植物有苔藓、蕨类、裸子植物和被子植物。菌类很少保存为化石。藻类植物绝大部分都是水生的，而苔藓、蕨类、裸子植物及被子植物则主要是陆生的。陆生植物的遗体，保存为化石的主要有蕨类植物、裸子植物和被子植物。低等植物仅是叶状体，没有根、茎、叶之分。高等植物则逐渐分化为根、茎、叶。

根 最原始的高等植物，如裸蕨植物也没有真正的根、茎之分。比较进化的才有明显的根、茎之分。多数植物的根（主根）是直立地向地下生长，主根上生有支根（侧根），一般根部化石的研究意义不大。

茎 原始的高等植物的轴（茎）是呈等二歧式分枝；后来由于叉枝生长程度的差异，逐渐发展为不等二歧式；再进一步的发展，即为二歧合轴式分枝，单轴式分枝和合轴式分枝。其分歧形式，如图2所示。

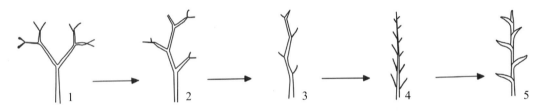

1. 等二歧式分枝；2. 不等二歧式分枝；3. 二歧合轴式分枝；
4. 单轴式分枝；5. 合轴式分枝

图2 高等植物的主要分枝方式

高等植物茎的结构，由外向里可分为表皮、皮层和中柱3部分。表皮和皮层都主要由薄壁细胞组成；中柱则是输导组织所在，位于茎的中央（图3）。

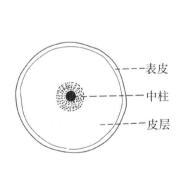

图3 高等植物茎的横切面示意图

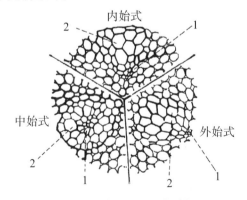

1. 原生木质部；2. 后生木质部

图4 初生木质部的3种发展方式

蕨类植物和裸子植物茎的初生木质部因形成时间和组成分子的不同,分成原生木质部和后生木质部。最原始的类型是原生木质部在外,后生木质部在内,叫外始式;原生木质位于内侧的,叫内始式,是最进化的一种方式;原生木质部位于后生木质部中间的,叫中始式(图4)。

在较进化的高等植物中,茎中央有3种中柱(图5):分别是原生中柱;管状中柱;多体中柱。

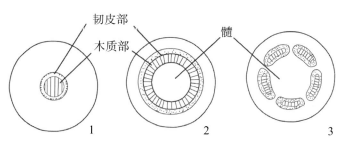

1.原生中柱;2.管状中柱;3.多体中柱

图5 三种中柱

叶 是高等植物进行光合作用制造食物的主要器官,在化石中最为常见。原始高等植物的叶仅有叶片,并无叶柄。进化的高等植物的叶才有柄,有的还具托叶。叶在茎上的排列方式,如图6所示。

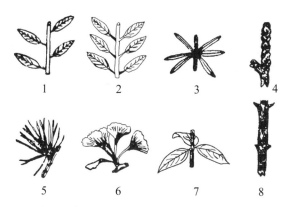

1.互生;2.对生;3,4.丛生;5,6.轮生;7,8.交互对生

图6 叶序

叶分单叶和复叶。具有一个叶片的叶叫单叶。一个叶片分裂成几个裂片或几个小叶的叫复叶。有掌状复叶和羽状复叶。羽状复叶按照羽片、羽轴发生的次序,有一次羽片、二次羽片、三次羽片……,但由于化石保存不完整,往往从末端数羽状复叶的次数,因而有末次羽片、末二次羽片、末三次羽片……,末级羽轴、末二级羽轴、末三级羽轴等名称(图7)。

叶和羽片(或小羽片),按其形态,主要如图8所示。叶的顶端和基部形态如图9所示。叶的边缘完整无缺,叫全缘;有的具锯齿、重锯齿、波状;有的叶缘具裂缺,按其形态可分为羽裂、掌裂,按其裂缺的程度,可分为浅裂、深裂、全裂等(图10)。

叶脉是分布在叶片中的维管束,通过叶柄或叶基与茎的维管束相连。叶脉在叶片或小羽片(裂片)上的排列方式叫脉序。叶脉的主要类型如图11所示。

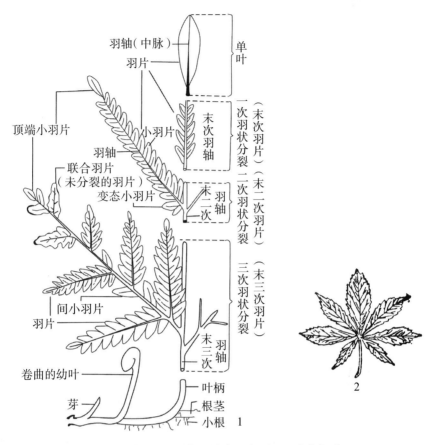

1.单叶和羽状复叶综合示意图;2.掌状复叶

图7 叶的形态示意图

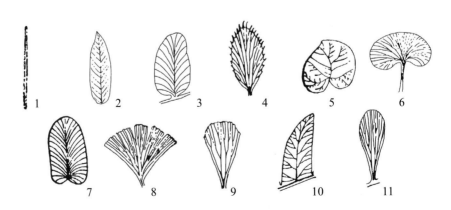

1.线形;2.披针形;3.卵形;4.椭圆形;5.心形;6.肾形;
7.舌形;8.扇形;9.楔形;10.镰刀形;11.匙形

图8 叶或羽片(小羽片)的形态示意图

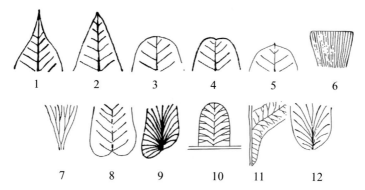

叶的顶端（上列）：1.急尖；2.渐尖；3.钝圆；4.凹缺；5.短尖头；6.截形；

叶的基部（下列）：7.楔形；8.心形；9.偏斜；10.截形；11.下延；12.圆形

图9　叶的顶端和基部形态示意图

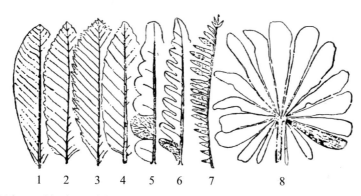

1.全缘；2.锯齿；3.重锯齿；4.波状；5.羽状浅裂；6.羽状深裂；7.羽状全裂；8.掌状分裂（深裂）

图10　叶缘形态示意图

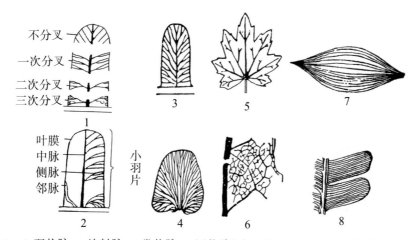

1～3.羽状脉；4.放射脉；5.掌状脉；6.网状脉（小网格内为盲脉）；7.弧形脉；8.平行脉

图11　叶脉的主要类型示意图

（六）蕨类植物门　Pteridophyta

石松纲　Lycopsida

鳞木的再造象及其叶座各部示意图如图12。

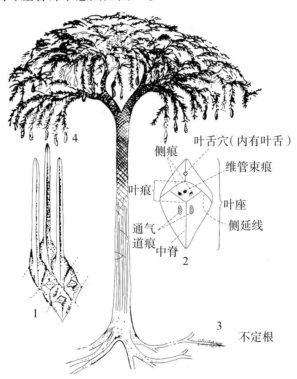

1.叶在茎或枝上着生状态及叶脱落后留下的叶座；
2.一个叶座的放大及各部分名称；
3.根座在地下二歧分枝的匍匐分布状态；
4.鳞孢穗。

图12　鳞木的再造象及其叶座各部示意图

原始鳞木目　Protolepidodendrales

圆印木属　*Cyclostigma* Haughton，1859

无明显叶座。叶痕小，彼此远离，螺旋状排列，内有维管束痕和侧痕，无叶舌痕。叶细长，披针形，基部略扩大。孢子囊有大小之分。与 *Bothrodendron* 的区别主要在于后者有叶舌。

分布与时代　中国、日本、苏联、英国，北美洲；多见于晚泥盆世，有时也出现于早石炭世。

湖南圆印木 *Cyclostigma hunanense* Feng et Meng

（图版6,8）

本种叶痕下部有一条微微凸起的肋为主要特征。

产地层位 宜昌市夷陵区；上泥盆统—下石炭统写经寺组顶部。

基尔托克圆印木 *Cyclostigma kiltorkense* Haughton

（图版8,8）

叶痕很小，卵圆形或近圆形，彼此远离，螺旋排列成"∵∴"形，其中隐约可见一维管束痕和一对侧痕。叶痕间具细纵纹，较平坦。

产地层位 武汉市汉阳区美娘山、长阳县马鞍山；中—上泥盆统云台观组、上泥盆统黄家磴组。

薄皮木属 *Leptophloeum* Dawson, 1861

乔木状，二歧分枝。叶座较大，菱形，螺旋排列，中或上部有一纵卵形的小叶痕。叶痕中央有一维管束痕。无叶舌痕。叶线形，单脉。孢子叶盾状，腹面着生孢子囊。

分布与时代 世界各地；晚泥盆世，有时国外偶见于中泥盆世。

斜方薄皮木 *Leptophloeum rhombicum* Dawson

（图版6,4～6）

茎的表面具斜方形或菱形叶座，螺旋排列整齐。叶痕很小，纵卵形至椭圆形，位于叶座上部，中央有一维管束痕。

产地层位 武汉市汉阳区美娘山、长阳县马鞍山；中—上泥盆统云台观组、上泥盆统黄家磴组。

拟鳞木属 *Lepidodendropsis* Lutz, 1933

叶座较狭细，呈倒卵形，纺锤形或狭长方形，假轮状排列，上下交错。叶座正中有一维管束痕，无明显叶痕。叶不分叉，细锥状，常略呈镰刀状。无叶舌和侧痕。孢子囊圆形或椭圆形，着生于叶腋。

分布与时代 中国、苏联、德国、美国等；中泥盆世—早石炭世。

乔木状拟鳞木 *Lepidodendropsis arborescens*（Sze）Sze

（图版6,1、2）

叶座长卵形至椭圆形，长约1.5mm，宽约0.7mm，稀疏假轮状排列，上下交错，其正中或略靠上有一圆形或纵卵形的点痕，可能为维管束痕。

产地层位 长阳县；上泥盆统黄家磴组。

希默拟鳞木 *Lepidodendropsis hirmeri* Lutz

（图版7,3）

叶座细小,假轮状排列,上下交错,排列非常紧挤,狭斜方形至纺锤形,有时略呈六角形,两端伸长,收于尖末端,下端有时伸长要长一些。叶痕不明显,仅在叶座顶端处有时可以看到一个小凹坑。包括*L.scobiniformis*（Meek）Read。

产地层位 松滋市刘家场观音岩；上泥盆统—下石炭统写经寺组上部（砂页岩段）。

官庄拟鳞木 *Lepidodendropsis guanzhuangensis* Feng et Meng

（图版6,3）

叶座菱形至斜方形,彼此相连,假轮状排列,上下交错,其正中有一卵圆形的维管束痕。

产地层位 松滋市刘家场观音岩,宜昌市夷陵区官庄；上泥盆统—下石炭统写经寺组上部（砂页岩段）。

扬子拟鳞木 *Lepidodendropsis yangtziensis* Chen

（图版7,4）

本种以叶座排列颇紧,倒卵形,维管束痕位于叶座上部区别其他种。

产地层位 武汉市汉阳区美娘山；中—上泥盆统云台观组。

亚鳞木属 *Sublepidodendron*（Nathorst）Hirmer,1937

叶锥形或线形,常呈镰刀状,基部下延。叶座小,长纺锤形至卵形,螺旋排列,无叶痕,但常有一拱形痕将叶座分为上下两部分；上部小,下部大。无叶舌、侧痕、通气道痕。叶座间常具皱纹。孢子叶穗和根座均与鳞木属近似。

分布与时代 中国、德国、美国；晚泥盆世—早石炭世。

奇异亚鳞木 *Sublepidodendron mirabile*（Nathorst）Hirmer

（图版8,7）

茎下部（老茎）表面布满弯曲皱纹,叶座不明显。茎上部（年轻茎）表面的纹理细而较直；叶座呈纵长纺锤形,无叶痕,维管束痕不明显,但有一拱形痕,将叶座分为上下不等两部分,有时具一纵沟或脊。叶细长,具单脉。

产地层位 武汉市汉阳区美娘山、五峰县、长阳县；中—上泥盆统云台观组、上泥盆统—下石炭统写经寺组上部（砂页岩段）。

松滋亚鳞木 *Sublepidodendron songziense* Chen

（图版7,7）

茎较细长,粗约4mm,长110mm,未见分叉。叶座呈明显的螺旋排列,较紧密,呈纵卵形,上、下两端均钝圆,其长约2mm,宽约1.2mm,其左右间隔0.5mm。叶座中央有一明显的维管束痕,呈纵卵形(与叶座同形),长约0.8mm,宽约0.4mm。

产地层位　松滋市刘家场观音岩、宜都市毛湖塯;上泥盆统—下石炭统写经寺组上部。

武汉亚鳞木 *Sublepidodendron wuhanense* Chen

（图版7,6）

茎宽12mm,长70mm以上。叶座螺旋状排列,呈倒披针形,最宽处在叶座上端,宽2.0～2.2mm,长10～12mm,上端钝圆,往下渐尖,其间隔带约0.3mm。中肋不明显,但有时可见。如单从叶座形态看,与*Sublepidodendron? wusihense*(Sze)颇为相似,但该种叶座明显大得多,而且排列紧密,易区别。

产地层位　武汉市汉阳区美娘山;中—上泥盆统云台观组。

宜昌亚鳞木 *Sublepidodendron yichangense* Feng et Meng

（图版6,7）

本种的叶座狭长,上、下端甚尖,其间隔带较宽,且具纵纹等为特征,它与*Sublepidodendron mirabile*(Nathorst)的较年轻茎干很相似,很可能为同种。

产地层位　宜昌市夷陵区官庄;上泥盆统—下石炭统写经寺组上部。

鳞木目 Lepidodendrales
笛封印木属 *Syringodendron* Sternberg,1820

封印木型的树干化石,皮层脱离的表面有纵波状条纹。树干上有两排直立的通气痕,以叶痕中间的凸纹连接。相邻两列的通气痕互相错开。

分布与时代　中国、德国、英国、苏联;晚泥盆世—二叠纪。

汉阳笛封印木 *Syringodendron hanyangense* Chen

（图版7,5）

树干颇大,表面有细的波状条纹。通气痕分布于条纹两侧,马蹄形至卵形。通气痕之上有一个小圆点,可能为叶舌痕,被条纹分隔成两部分。相邻两列通气痕互相错开,直行排列。

产地层位　武汉市汉阳区美娘山;中—上泥盆统云台观组。

鳞孢穗属 *Lepidostrobus* Brongniart, 1828

鳞木类的孢子叶穗,圆锥形,由一穗轴和许多上下紧密复叠而呈螺旋状排列的孢子叶组成,具短柄或无柄。孢子叶先以直角从穗轴伸出,然后横向开展和向外延伸至一定距离,又急剧地以直角弯向上方,其上弯部分超覆其上位的一个或数个孢子叶的外侧。每一孢子叶横向开展部分的腹面上有一横卧的袋状孢子囊,在囊前有一叶舌。孢子囊多数含异形孢子;小孢子囊多在穗的上部,含很多小孢子;大孢子囊多在穗的下部,囊内含大孢子4个、8个或16个。

分布与时代 中国、苏联,北美洲等;晚泥盆世—二叠纪。

葛氏鳞孢穗 *Lepidostrobus grabaui* Sze
(图版7,1)

孢子叶穗如雪茄烟状,顶端钝锥形。孢子叶从穗轴伸出,初与穗轴几乎垂直,而后超出孢子囊强烈上弯与穗轴斜伸,细如毛发。孢子囊椭圆形至卵形。孢子形态不明。

产地层位 松滋市刘家场观音岩、长阳县马鞍山;上泥盆统—下石炭统写经寺组、上泥盆统黄家磴组。

五峰鳞孢穗 *Lepidostrobus wufengensis* Feng et Meng
(图版7,2)

本种以圆柱形的孢穗和其上的三角形孢子叶片为特征,易与本属其他种区别。

产地层位 五峰县茅庄;上泥盆统—下石炭统写经寺组上部。

鳞孢叶属 *Lepidostrobophyllum* Hirmer, 1927

鳞木类的孢子叶,长可达50cm以上。上部叶片披针形或剑形,全缘,单脉;下部常呈三角形。有时在孢子叶腹面还保存有孢子囊。

分布与时代 中国、苏联,北美洲等;晚泥盆世—二叠纪。

剑鳞孢叶 *Lepidostrobophyllum xiphidium*(Gothanet Sze)
(图版8,5)

旧名 *Lepidophyllum xiphidium* Gothanet Sze

孢子叶长2.3cm,剑形。上部叶片长约1.3cm,呈长的等腰三角形,顶端尖。靠基部左、右突出,如短剑护手,具单脉。下部楔形。

产地层位 宜昌市夷陵区官庄白岩;上泥盆统—下石炭统写经寺组上部。

脊囊属 *Annalepis*（Fliche），1910，emend. Ye，1979

鳞木目中的繁殖器官的印痕化石。孢子叶呈螺旋状排列，垂直或斜生于轴上；孢子叶呈倒披针形或纺锤形，顶端直或微微向上弯曲；具叶舌。孢子囊单生，横卧紧贴倚伏于孢子叶的腹面，长形，无柄，其中央常具一纵行细槽。

分布与时代　中国、法国；中三叠世。

蔡氏脊囊 *Annalepts zeilleri* Fliche
（图版51，5）

所示标本为一散落的孢子叶的腹面印痕，倒披针形至匙形，长40mm，于距离顶端约 $\frac{1}{3}$ 处为最宽11mm，自此向上较为急遽地狭缩，顶端钝圆，向下则较缓慢地收缩，基底形态不明。孢子囊一枚，狭细呈棒形，顶端宽2mm，向下递减至基部宽为1mm，居中紧贴延展于孢子叶腹面的中下部，长达25mm；孢子囊中央具一纵细槽，清晰，直延伸至孢子囊的顶端。叶舌明显，倒卵形，长约1.5mm，宽0.5mm，位于孢子叶上端靠于孢子囊之顶；孢子囊左右两侧的叶膜隆起成脊状。

产地层位　利川市瓦窑坡；中三叠统巴东组。

根座属 *Stigmaria* Brongniart，1822

鳞木类树干的基部，二歧式分枝，其表面有轻微皱纹和许多螺旋排列的脐状痕。根痕为不定根着生的地方。

分布与时代　中国、日本、朝鲜、美国；晚泥盆世—二叠纪。

脐根座 *Stigmaria ficoides*（Sternberg）
（图版6，9）

根痕圆形，脐状，菱形排列。附属根狭长，伸向各方，仍保持原来着生位置。

产地层位　五峰县茅庄；上泥盆统—下石炭统写经寺组上部。

楔叶纲　**Sphenopsida**

楔叶目　Sphenophyllales
楔叶属　*Sphenophyllum* Brongniart，1828

茎枝细弱，分节与节间；节间上的纵肋直通过节。叶轮生于节上，上下轮相对，每轮叶数常为3的倍数，楔形、线形、卵形、椭圆形或匙形，侧边一般全缘，顶端全缘、具齿、浅裂或深裂。叶脉扇状，偶见中脉。

分布与时代　中国、朝鲜、日本、美国、苏联等；晚泥盆世—二叠纪。

宜都楔叶 *Sphenophyllum yiduense* Chen

（图版8,1～4）

本种以茎坚强，节间上有2～3条较宽的纵脊及沟。叶小，一般作二歧式分裂两次，至顶部为或多或少的浅裂成小裂片，顶端截形。易与其他种区别（图13）。

产地层位 宜都市毛湖塭；上泥盆统—下石炭统写经寺组上部。

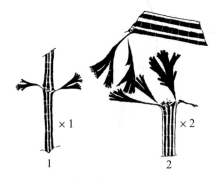

1为（图版8,3）的素描； 2为（图版8,1）的素描

图13 宜都楔叶素描图示叶态及其着生情况

木贼目 Equisetales

木贼目植物结构示意图如图14所示。

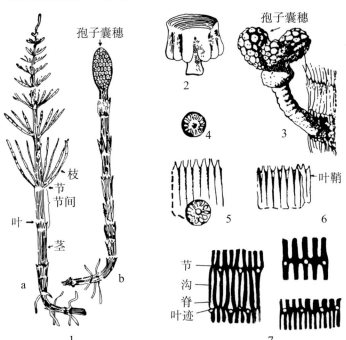

1.现代木贼,a.营养枝,b.生殖枝；2.孢子囊托；3.孢子囊穗；
4.节隔膜（关节盘）；5.节隔膜和叶鞘；6.叶鞘；7.中柱外模

图14 木贼目植物结构示意图

轮叶属 *Annularia* Sternberg，1832

枝对生，两侧对称。叶轮生，每轮叶6～40板，长短相等或否，不连合，或在基部微连合，或多或少地呈放射状排列，线形，倒披针形或匙形，具单脉。

分布与时代 中国、朝鲜，北美洲、欧洲；中石炭世—二叠纪。

轮叶（未定种） *Annularia* sp.
（图版9,6；图版10,8）

叶轮较大，末级枝上每轮有18～22枚叶，其大小近等，长约22mm，最宽处近中上部，约3mm，具一中脉，叶顶端钝尖。

产地层位 大冶市大洪山；乐平统龙潭组。

新芦木属 *Neocalamites* Halle，1908

茎具节与节间，表面有相间排列的纵脊与纵沟，通过节时脊与沟错开或相通。叶轮生在节上，细长，基部不连成鞘，脱落后留下叶痕。节隔膜圆形或椭圆形，具放射纹。

分布与时代 亚洲、欧洲、北美洲、大洋洲；二叠纪乐平世—中侏罗世。

蟹形新芦木 *Neocalamites carcinoides* Harris
（图版12,6）

本种的识别主要特征：茎较粗，每两叶痕间有4～7条纵脊；叶较宽2～4mm。当前标本，茎宽在4cm以上，两叶痕之间多为4条纵脊，有时有5～6条。

产地层位 荆门市锅底坑；下侏罗统桐竹园组。

卡勒莱新芦木 *Neocalamites carrerei*（Zeiller）Halle
（图版11,1；图版12,5）

本种主要鉴别特征：每两叶痕之间有纵脊1～2条，多为2条；叶很狭，在1mm之内。

产地层位 荆门市分水岭、海慧沟；上三叠统九里岗组、下侏罗统桐竹园组。

当阳新芦木 *Neocalamites dangyangensis* Chen
（图版11,2～4）

本种的主要特点：叶痕紧密，两叶痕间有纵脊1条，偶而2条，同时纵脊较宽；叶痕较大。

产地层位 荆门市分水岭；上三叠统九里岗组。当阳市三里岗；下侏罗统桐竹园组。赤壁市鸡公山；上三叠统九里岗组。

霍尔新芦木　*Neocalamites hoerensis*（Schimper）

（图版12,2～4）

该种的主要特点：每两叶痕之间有纵脊3～4条,多为3条;叶宽1.0～2.5mm。

产地层位　南漳县东巩,荆门市分水岭、海慧沟;上三叠统九里岗组、下侏罗统桐竹园组。

墨瑞新芦木（相似种）　*Neocalamites* cf. *meriani* Brongniart

（图版12,10、11）

带节的茎干,表面有宽而平的纵脊及纵沟。它与德国上三叠统的*N. meriani*及我国甘肃上三叠统延长群*N.* cf. *meriani*相似。

产地层位　鄂州市程潮;上三叠统九里岗组。

少叶新芦木（相似种）　*Neocalamites* cf. *nathorsti* Erdtman

（图版13,4）

该种最主要的特征：在节下紧接处所示纵脊并非维管束痕,而是叶的延续所致,显得粗壮,而在节上紧接节处则有更细密微弱的纵脊才是维管痕。

产地层位　秭归县沙镇溪;下侏罗统桐竹园组。

皱纹新芦木　*Neocalamites rugosus* Sze

（图版11,5）

茎干表面有无数的弯弯曲曲的皱纹是这个种的主要识别点。

产地层位　南漳县东巩;上三叠统九里岗组。

新芦木（未定种）　*Neocalamites* sp.

（图版12,14）

原为*Neocalamites nanzhangensis* Feng,1977,笔者认为这是一块新芦木的茎干髓模,未有保存能鉴定种的叶痕标志,暂作未定种处理。

产地层位　南漳县东巩;上三叠统九里岗组。

似木贼属　*Equisetites* Sternberg,1833

本属的主要特点：①叶基部连接成鞘状,而紧贴于茎上,至上部分离成齿状（叶齿）;②节上无叶痕;③节间的纵脊较宽平。孢子囊穗顶生,由盾状孢子囊托组成,其顶端盾片五角形或六角形,常星散或成群保存。

分布与时代　世界各地;中石炭世—现代,晚三叠世—早侏罗世最盛。

荆门似木贼（新种） *Equisetites jingmenensis* G. X. Chen（sp. nov.）

（图版14,4～6）

几块仅保存有叶齿的标本。其中较完好者,茎干粗3cm,节间长5.5cm,表面平滑,隐约可见细纵纹。节上轮生叶约2×12枚,紧贴于茎上,长约4mm,最宽于基部约1.5mm,基部连合成鞘状（叶鞘）,顶部分离成圆钝的齿尖形,表面平滑。

比较 新种以较坚强的叶齿与*E. sthenodon* Sze（1956）相似。但后者的叶齿更粗更强壮（宽达8mm）,齿也尖锐得多。

产地层位 荆门市分水岭;上三叠统九里岗组。

朝鲜似木贼 *Equisetites koreanicus* Kon'no

（图版12,9;图版13,1～3）

茎干粗16～40mm,节间长50～75mm,表面光滑,节部略肿大。紧贴于茎上的叶鞘颇长,20～25mm,每轮有42～68条。关节盘圆形,直径6～20mm,具放射线27～70条。

产地层位 当阳市三里岗、荆门市海慧沟;下侏罗统桐竹园组。

拟三角齿似木贼（新种） *Equisetites paradeltodon* G. X. Chen（sp. nov.）

（图版14,1～3）

图版14中的图1～3属同一块标本保存为不同的印痕面。其图1为椭部印模（内模）,显示其纵脊和纵沟,很细密;图版14中的图2～3为外部印痕（正反两面）,具宽平的纵脊和纵沟,在这些宽平的纵脊和纵沟上有明显的细密纵纹。节上有坚硬的叶齿痕,齿作伸长的三角形,其最宽处位于基部,约3mm宽,并以同样的宽度保持至前端的3/5处,然后收缩至顶端呈锐尖,整个齿长5mm。两齿间的缝合线较宽,呈"沟状",宽约1mm。

比较 新种与*Equisetites deltodon* Sze相似,但新种的两齿间距,远比后者紧密得多;齿形也差别较大,并且有宽平的纵脊和纵沟,易区别。

产地层位 荆门市分水岭;上三叠统九里岗组。

沙兰似木贼 *Equisetites sarrani*（Zeiller）

（图版12,12、13）

茎狭细,宽3～5mm,节间长23mm,表面光滑。节略膨大,叶鞘由10～12枚组成,叶长3～4mm,叶宽0.5～0.9mm,叶齿长约1.5mm,顶端钝尖。

产地层位 荆门市海慧沟、鄂州市程潮;上三叠统九里岗组。

禄丰似木贼 *Equisetites lufengensis* Li

（图版12,8）

茎细,宽3mm,长70mm以上。具节和节间,节间长5～12mm,具纵脊和纵沟,节部略有膨大,叶鞘5×2枚组成。

产地层位 荆门市分水岭;上三叠统九里岗组。

短齿似木贼 *Equisetites brevidentatus* Sze

（图版13,5）

茎干粗35mm以上,表面平滑,但隐约可见极细的纵纹,节上保存着9枚短而粗壮,且呈半圆形的叶鞘(这是本种的主要识别点)。

产地层位 荆门市海慧沟;上三叠统九里岗组。

似木贼（未定种） *Equisetites* sp.

（图版12,7）

单独保存的节隔膜,其辐射状条纹比一般节隔膜的辐射条纹要短而粗,椭腔较大。

产地层位 鄂州市碧石渡;上三叠统九里岗组。

似木贼穗属 *Equisetostachys* Kon'no,1962
似木贼穗（未定种） *Equisetostachys* sp.

（图版12,1）

孢子囊穗柱形,长65mm,宽10mm,上面轮状排列着六角形或卵形的盾片痕迹。

产地层位 赤壁市苦竹桥;上三叠统九里岗组。

瓢叶目 Noeggerathiales
斜羽叶属 *Plagiozamites* Zeiller,1894

枝条羽叶状。叶两行排列于轴的两侧,基部半抱茎状,斜伸或向外扭转平伸,卵形、披针形至长椭圆形。叶脉自叶基伸出数条,分叉数次,至叶缘及顶端。叶缘细齿明显或否,每齿具脉1条。

分布与时代 中国、朝鲜、越南;晚石炭世一二叠纪。

椭圆斜羽叶 *Plagiozamites oblongifolius* Halle

（图版10,1、2）

叶分成两行斜伸于轴的两侧,呈长椭圆形,基部渐狭半抱茎状,顶端钝圆。由叶基伸出数条叶脉,经分叉,分别伸达叶缘和顶端;每1cm有脉30条左右。

产地层位　阳新县大王殿、大冶市沙田；乐平统龙潭组。

真蕨纲和种子蕨纲　**Filices et Pteridospermopsida**

观音座莲目　Marattiales
睫囊蕨属　*Fimbriotheca* Zhu et chen,1981

生殖羽片和营养羽片可能同型，带形。中脉粗壮，侧脉不呈网状，聚合囊生于侧脉末端，并伸出边缘之外呈睫毛状，由5～6个不具环带的孢子囊聚合而成。孢子囊厚壁，围绕一轴状的胎座着生。

分布与时代　湖北；二叠纪乐平世早期。

睫囊蕨　*Fimbriotheca tomentosa* Zhu et Chen
（图版9,2～5）

羽片呈线形或带形，全缘，长7cm以上，宽1cm，顶部渐尖，中脉较粗壮，宽度可达1mm，腹部凹陷成沟，背部凸起呈脊状；侧脉稀弱不甚清楚，与中脉成45°交角，分出后不久即二歧分叉1次，并逐渐以垂直于中脉的方向伸至羽片边缘。于羽片边缘每1cm有脉约12条。

孢子囊指状，略弯，顶端钝，长约1.2mm，具厚壁，表面略粗糙，未见环带。由5～6个孢子囊聚合组成聚合囊，呈卵形或椭圆形，宽0.8mm，长1.2mm，顶端钝圆，具纵棱和纵沟，伸出叶缘之外，呈睫毛状，彼此几乎靠拢（图15）。

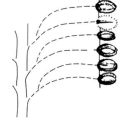

图15　聚合囊的着生位置

产地层位　阳新县大王殿；乐平统龙潭组。

观音座莲科　Angiopteridaceae
拟丹尼蕨属　*Danaeopsis* Heer, 1864

1～2次羽状分裂。羽片带状，全缘，以整个基部着生于轴上，下延或略收缩。中脉粗，侧脉分叉1～2次，至边缘连接成稀网；羽片的下延部分具邻脉。孢子囊圆形，密布于整个羽片背面，成行排于侧脉之两边。

分布与时代　中国、苏联、欧洲、北美洲；中三叠世晚期、晚三叠世。

多实拟丹尼蕨　*Danaeopsis fecunda* Halle
（图版15,4～6）

小羽片带状。中脉粗强。侧脉以锐角从中脉伸出后立即向外弯曲，有时分叉1次，而后近垂直伸向边缘时再次分叉，并相互连接成稀疏的网脉。孢子囊密布于整个羽片的背面，成行排列于侧脉两侧。

产地层位 南漳县东巩、荆门市分水岭，上三叠统九里岗组。

束脉蕨属 *Symopteris* Hsü, 1979

原名 贝尔瑙蕨属 *Bernoullia* Heer, 1877

羽状复叶。羽片及小羽片长卵形、线形至剑形，基部收缩，只以基部中心点着生于轴上，中脉强，侧脉细密，分叉数次，呈束状，生殖羽片与营养羽片大致相似。孢子囊群排列于中脉的两侧，其构造不详。

分布与时代 中国、越南、瑞士、德国、奥地利、苏联；晚三叠世。

蔡耶束脉蕨 *Symopteris zeilleri* (Pan)
（图版15,1～3）

原名 蔡耶贝尔瑙蕨 *Bernoullia zeilleri* Pan, 1936
包括 栉羽贝尔璃蕨 *Bernoullia pecopteroides* Feng, 1977

羽片边缘全缘或微波状，顶端钝圆至钝尖，基部收缩，仅以一短柄着生于轴上。中脉粗强，侧脉颇细密，以一锐角自中脉伸出后立即外弯，并分叉多次成束状。

产地层位 远安市九里岗、当阳市银子岗、南漳县东巩、荆门市分水岭；上三叠统九里岗组。

合囊蕨科 Marattiaceae
合囊蕨属 *Marattia* Swartz, 1788

羽片与 *Taeniopteris* 相似；基部收缩或略扩张，无柄，部分着生于轴上；中脉粗强，侧脉分叉1次或不分叉，偶尔分叉2次；孢子囊侧面相互连接成聚合囊，着生于羽片边缘侧脉上。

分布与时代 亚洲、欧洲、北美洲；晚三叠世—中侏罗世。

亚洲合囊蕨 *Marattia asiatica* Kawasaki
（图版16,6、7）

包括斯行健1949年出版的《鄂西香溪煤系植物化石》图版12中的图3 *M. munsteri*。本种的主要特征：叶脉较密，每1cm有脉14～18条，多分叉1次；具倒行假脉；聚合囊较长且变化较大，长2～7mm；羽片基部呈略不对称心形。

产地层位 秭归县沙镇溪、香溪，兴山县大峡口；下侏罗统桐竹园组。

霍耳合囊蕨 *Marattia hörensis* (Schimper) Schimper
（图版15,7）

叶脉相对较稀，每1cm有脉12条，偶为10条；具倒行假脉；聚合囊较长较稳定，长4～7mm；羽片基部呈斜心形。

产地层位 秭归县曹家窑；下侏罗统桐竹园组。

敏斯特合囊蕨 *Marattia münsteri*（Geopper）Schimper
（图版15,8,9；图版41,1d）

叶脉较稀,每1cm有脉12条以下,常为10条;具倒行假脉;聚合囊较短,且自羽片的下部至上部的长度变化不大2～3mm;基部略不对称的圆形。

产地层位 荆门市分水岭；上三叠统九里岗组。

星囊蕨科 Asterothecaceae
星囊蕨属 *Asterotheca* Presl,1845

羽片、小羽片及叶脉均为*Pecopteris*型。实羽片与裸羽片形态大致相同;聚合囊一般着生于小羽片背面中脉两侧的侧脉上,各排成一行,少数位于侧脉顶端与羽片边缘之间。

分布与时代 世界各地；石炭纪—三叠纪。

柯顿星囊蕨 *Asterotheca cottoni* Zeiller
（图版16,1～3）

包括1979年出版的《中南地区古生物图册（三）》图版73中的图7 *A . penticarpa*（Fontaine）。

蕨叶和小羽片均为*Pecopteris*型,小羽片排列紧密,与轴成60°～75°交角,基部微扩张,顶端钝圆,呈长舌形,宽2.0～2.5mm,长5～7mm。中脉粗壮微下延,至顶端附近分叉与侧脉等粗或消失。侧脉分叉1次。实羽片与裸羽片几乎相同。聚合囊成行排列于中脉两侧。

产地层位 荆门市分水岭、南漳县东巩；上三叠统九里岗组。

真蕨目 Filicales
紫萁科 Osmundaceae
似托第蕨属 *Todites* Seward,1900

裸羽片一般为枝脉型,少数为楔羊齿型。生殖羽片与裸羽片形态相似或不同程度的退缩。孢子囊群沿着侧脉着生于生殖羽片的背面。孢子囊大,卵形,几乎无柄,纵裂。

分布与时代 北半球；晚三叠世—早白垩世。

细齿似托第蕨 *Todites denticulata*（Brongniart）Krasser
（图版17,2）

以小羽片常具细齿;中脉明显,侧脉以锐角伸出,分叉1次。

产地层位 赤壁市苦竹桥；上三叠统九里岗组。秭归县、当阳市；下侏罗统桐竹园组。

首要似托第蕨　*Todites princeps*（Presl）Gothan

（图版17,3、4;图版18,1）

羽片通常作对生状,与轴成交角近90°。小羽片常不对称,长椭圆形或卵形,深裂或浅裂成朵状或钝齿状。中脉下延,常偏倚于小羽片下边,侧脉于小羽片基部,作上行式,分叉1~3次。实羽片与裸羽片基本相同,孢子囊满布于小羽片背面,叶脉不显。

见到的根化石,其上有螺旋状排列的叶基痕,呈长卵形或卵形,上有极细的波状纵纹。

产地层位　当阳市、荆门市、远安县、南漳县、秭归县、鄂州市、赤壁市;上三叠统九里岗组、上三叠统—下侏罗统王龙滩组、下侏罗统桐竹园组。

斯科勒比似托第蕨　*Todites scoresbyensis* Harris

（图版19,2）

小羽片略呈长镰刀形,互生至亚对生,长23mm,基部最宽8mm,两侧边开始大致平行,往上渐狭,顶端尖。自基部至2/3处全缘,其后具齿。中脉显,与轴成交角65°,直达顶端。侧脉在靠近中脉附近分叉1次。

产地层位　赤壁市鸡公山;上三叠统九里岗组。

威廉姆逊似托第蕨　*Todites williamsoni*（Brongniart）Seward

（图版19,1）

小羽片全缘,镰刀形,前边缘微凹或直,后边缘外凸,顶端尖或钝尖。中脉伸之顶端附近逐渐消散;侧脉靠近基部分叉2次,上部分叉1次。

产地层位　当阳市桐竹园;下侏罗统桐竹园组。

里白科　Gleicheniaceae
似里白属　*Gleichenites* Seward,1926

其形态和现代广义的里白属相似。羽状分裂,羽轴作假二歧分枝,中脉显,侧脉二歧分叉。孢子囊群生于小羽片背面,呈圆形,几乎无柄,无盖,具横列环带,成熟时纵向裂开。

分布与时代　北半球;晚三叠世—白垩纪。

整洁似里白　*Gleichenites nitida* Harris

（图版16,5）

末次羽片对生,与轴成交角约为60°,羽状浅裂至深裂。小羽片卵圆形,长约1.5mm,基部彼此相连。中脉以锐角伸出,后弯向羽片顶端,基部下延;侧脉以锐角伸出,分叉1~2次。

产地层位　南漳县东巩;上三叠统九里岗组。

一平浪似里白 *Gleichenites yipinglangensis* Li et Tsao

（图版16,4）

末次羽片线形,排列较紧。小羽片互生或亚对生,排列紧密,呈卵形或长卵形,顶端钝圆,基部下边略下延,上边略收缩,全缘或呈圆波状。中脉粗显以锐角伸出,立即向外弯,达顶端,侧脉不甚清晰。孢子囊的构造不清楚,只见其在叶膜上圆形隆起。

产地层位 荆门市分水岭;上三叠统九里岗组。

马通蕨科 Matoniaceae
异脉蕨属 *Phlebopteris*（Brongniart）,emend. Hirmer et Hoerhammer,1936

叶呈鸟足或掌状,一次羽状分裂;叶脉二歧分叉,其叉枝常再分叉呈羽状脉,有的种则连接成网状;囊群无盖,陀螺状,由6～13个孢子囊组成,环形,在中脉的两侧各排成行。孢子囊具发育较完全的、横生的、但略倾斜的环带。囊群和孢子囊的数目较 *Matonia* 为多。

分布与时代 世界各地;晚三叠世—早白垩世。

湖北异脉蕨 *Phlebopteris hubeiensis* Chen

（图版20,1～3）

叶掌状。羽片线形,深裂。小羽片线形,全缘,由基部至顶部渐狭,顶端钝圆。基部彼此相连。中脉粗强;侧脉在靠近中脉处分叉2～3次,离中脉的1/4～1/3以后一般不再分叉而彼此平行直达边缘;偶尔亦见分叉。而相邻两侧脉相连接(伴网眼),小羽片基部相连部分的邻脉连接成简单网脉(图16)。生殖小羽片一般较狭瘦,彼此也较疏松。孢子囊群排列于中脉两侧,圆形,每1囊群由8～10个孢子囊组成。

产地层位 当阳市桐竹园;下侏罗统桐竹园组。

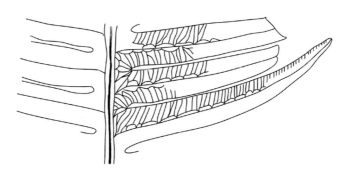

图16 湖北异脉蕨素描图

布劳异脉蕨（相似种） *Phlebopteris* cf. *brauni*（Goeppert）

（图版20,5）

小羽片基部互相连接,向顶部渐狭,顶端亚圆至钝尖。中脉清晰,侧脉分叉2次,常连接成狭长、疏松和不规则的网格。

产地层位 秭归县贾家店;下侏罗统桐竹园组。

水龙骨型异脉蕨 *Phlebopteris polypodioides* Brongniart

（图版21,1～4）

小羽片线形,全缘,顶端钝圆或钝尖,排列较松,但基部相连0.6～1.0mm。中脉粗壮。侧脉细弱,自中脉伸出即行分叉并作下行螺形叉轴式分枝;侧脉间由进行连续分叉的支脉沿着中脉两侧构成"伴网眼",而不断伸达小羽片边缘的支脉有时再分叉1次并偶尔与邻近小脉相交。生殖羽片同型或略有退缩。囊群圆形,排列于中脉两侧;每囊群由10～12个孢子囊组成。

产地层位 荆门市海慧沟、秭归县香溪;下侏罗统桐竹园组。

水龙骨型异脉蕨（相似种） *Phlebopteris* cf. *polypodioides* Brongniart

（图版20,4）

羽轴细。裂片（小羽片）线形,排列松。基部几乎不连接。中脉较粗显。侧脉网状。囊群圆形直径约1mm,在中脉两侧各排一行。

产地层位 秭归县贾家店;下侏罗统桐竹园组。

双扇蕨科 Dipteridaceae
异叶蕨属 *Thaumatopteris*（Goeppert）, Nathorst, 1876

叶具长柄,顶端二歧分叉,叉轴短,其上着生数枚羽状深裂或全裂的羽片,排列呈漏斗状。裂片（小羽片）狭长,全缘或具齿。重网状脉序。孢子囊具环带,数个组成囊群,着生于叶背上。

分布与时代 中国、越南、日本,欧洲;晚三叠世—中侏罗世。

异缘异叶蕨 *Thaumatopteris fuchsii*（Zeiller）Ôishi et Yamasita

（图版22,2～4）

叶具长柄,其顶端具羽片约5枚,呈漏斗状排列。有的羽片长10cm以上,宽7～8cm,卵形至披针形,顶端渐窄。羽片呈羽状深裂,裂片（小羽片）线形,顶端钝尖,基部蹼膜相连。中脉粗强直达顶端,侧脉纤细,连接成重网脉序。细网不清楚。

这个种与*Th. brauniana*的区别,在于本种裂片基部蹼膜相连,中脉甚粗强,侧脉甚细弱。

产地层位　荆门市分水岭；下侏罗统桐竹园组。南漳县东巩；上三叠统九里岗组。

日本异叶蕨　*Thaumatopteris nippornica* Ôishi
（图版25,7）

裂片（小羽片）互生至亚对生，基部连合3～4mm宽，在羽片基部的裂片（小羽片）呈三角形，向上很快作伸长三角形，并微弯呈镰刀形，边缘或多或少作波状，顶端钝尖。中脉细弱，侧脉分叉多次成多角形网格。可能与 *Th*. *remauryi* 同种。

产地层位　兴山县耿家河；上三叠统九里岗组。

矛异叶蕨　*Thaumatopteris remauryi*（Zeiller）Ôishi et Yamasita
（图版24,4）

羽叶较大。裂片（小羽片）近于对生，基部互相连成膜状，由基部向前端缓慢地收缩，边缘成波状或钝齿状。中脉细，侧脉一般伸出1～2mm后分叉并连接成多角形网格。

产地层位　兴山县耿家河；上三叠统九里岗组。

网叶蕨属　*Dictyophyllum* Lindley et Hutton,1834

叶片双扇形，具长柄，柄顶端作二歧分叉，叉枝上辐射出羽片。羽片线形或披针形，边缘分裂成三角形或线形的裂片（小羽片）。裂片（小羽片）具中脉，侧脉分叉并连接成多角形网格，网格内具更小网格。孢子囊群着生于羽片背面的小网格内。

分布与时代　亚洲、欧洲、南极洲；晚三叠世—中侏罗世。

狭羽网叶蕨　*Dictyophyllum exile*（Brauns）Nathorst
（图版23,1、2）

本种主要特征在于羽片基部无蹼相连，而区别其他种。当前标本虽然没有发现叶柄和叉枝，但羽片基部很接近叉枝，其羽片基部分离无蹼相连。

产地层位　赤壁市苦竹桥；上三叠统九里岗组。

小网叶蕨　*Dictyophyllum gracile*（Turutanova-Ketova）Chu
（图版22,5、6）

叉枝上侧生有羽片4～5枚，掌状排列。位于中央的羽片最长（10cm），位于两侧的羽片最短（5cm），线形或披针形，羽状浅裂或深裂成钝三角形。侧脉羽状二歧分叉，并连接成大网眼，大网眼内有细脉连接成多角形的更小网眼。

产地层位　荆门市分水岭；下侏罗统桐竹园组。

那托斯特网叶蕨 *Dictyophyllum nathorsti* Zeillet

（图版23,3、4）

标本虽然不全,但羽片分裂不深,裂成镰刀状三角形。中脉粗强直达顶端;侧脉以60°左右的夹角自中脉伸出,互相连接成网。

产地层位 赤壁市鸡公山、苦竹桥,远安县铁炉湾,兴山县耿家河等;上三叠统九里岗组、上三叠统—下侏罗统王龙滩组。

格子蕨属 *Clathropteris* Brongniart,1828

其形态与网叶蕨属相似,最明显区别点是脉网为明显的矩形。

分布与时代 亚洲、欧洲、北美洲;晚三叠世—中侏罗世。

拱脉格子蕨 *Clathropteris arcuata* Feng

（图版22,1）

本种的主要特点是第三次脉呈拱形弯曲。

产地层位 远安县铁炉湾;上三叠统九里岗组。

新月蕨型格子蕨 *Clathropteris meniscioides* Brongniart

（图版23,5;图版25,4）

主要识别点:第三次脉呈规则的长方形网格,其内又有更细小的第四、五次脉形成极细的方格状网脉。

产地层位 赤壁市鸡公山;上三叠统九里岗组。远安县曾家坡;下侏罗统桐竹园组。

蒙古盖格子蕨 *Clathropteris mongugaica* Srebrodolskaja

（图版25,5）

主要识别点:第一次脉粗强;第二次脉开始伸出也较粗显,但很快分叉变细弱,并无明显的长方网格;第三次以后的脉连接成多角形网格。

产地层位 兴山县耿家河;上三叠统九里岗组。

倒卵形格子蕨 *Clathropteris obovata* Ôishi

（图版24,3）

末次羽片较大,呈倒卵形;边缘分裂成较深较尖的长三角形齿;叶质很薄,第三、四次脉常不明显且为不规则的长方形网格等主要特征。它包括斯行建1949年出版的《鄂西香溪煤系植物化石》图版1中的图5、图版4中的图1 *Cl. meniscioides*。

产地层位 秭归县香溪、兴山县大峡口;下侏罗统桐竹园组。

阔叶格子蕨 *Clathropteris platyphylla*（Goeppert）

（图版25,3）

本种与本属其他各种的主要区别在于第三次脉组成不甚规则的长方形网格。

产地层位 赤壁市苦竹桥、荆门市分水岭；上三叠统九里岗组。大冶市金山店、秭归县香溪；下侏罗统桐竹园组。

豪士曼蕨属 *Hausmannia* Dunker,1846

单叶,有一长柄,其上着生的叶膜呈扇形或肾形,全缘或分裂成或浅或深的裂片。主脉自柄端以多次二歧分叉作掌状伸出,可到达叶的边缘；侧脉自主脉成宽角伸出分叉连接成规则的重网格。囊群着生于叶背面的脉网中。

分布与时代 北半球；晚三叠世—早白垩世。

乌苏里豪士曼蕨 *Hausmannia*（*Protorhipis*）*ussuriensis* Kryshtofovich

（图版25,1、2）

主脉自柄端向四周作放射状伸出,多次二歧分叉；侧脉自主脉垂直伸出形成不甚规则的多边形网格。

产地层位 荆门市锅底坑；下侏罗统桐竹园组。

葛伯特蕨属 *Goeppertella* Ôishi et Yamasita,1936

叶大,至少二次羽状分裂,主轴坚强,羽片垂直于轴生长,并分裂成小羽片呈舌形。中脉是以直角自羽轴伸出,并以直角分出侧脉,彼此相连接成网叶蕨型脉序。具间小羽片一个以上,其形态及脉序与普通小羽片相似。

分布与时代 中国、日本、越南、德国、格陵兰（丹）；晚三叠世。

葛伯特蕨?（未定种） *Goeppertella*? sp.

（图版23,6;图版24,1、2）

仅见末次羽片,以直角从主轴伸出；羽片作羽状分裂成舌形小羽片；中脉显,以直角从羽轴伸出,并以直角分出侧脉,彼此互相连接成网格状。这些特征与*Goeppertella*特征一致,但细小,与本属其他种差别较大,但保存不佳,有待采集更好标本研究之。

产地层位 荆门市分水岭；上三叠统九里岗组上部。

蚌壳蕨科 Dicksoniaceae
锥叶蕨属 *Coniopteris* Brongniart,1849

羽状复叶。羽片线形至披针形,先端尖锐,以宽角着生于轴上,小羽片楔羊齿型,中脉以锐角自中轴伸出,并以锐角分出与裂片数目相等的侧脉。实羽片常常退缩,仅留下柄状的中脉或侧脉。单个的囊群着生于叶脉顶端。孢子囊群常常全部或部分为杯状的囊群盖所包围。

分布与时代　世界各地;早侏罗世—早白垩世。

布列亚锥叶蕨　*Coniopteris burejensis*（Zalessky）Seward
（图版25,6;图版26,5）

末次羽片互生,与轴成50°～60°夹角,线形至披针形,顶端渐狭。小羽片作长卵形,愈向羽片顶端愈趋伸长,基部下延,边缘浅裂或波状。顶端尖。叶脉作楔羊齿型。

产地层位　当阳市三里岗、赤壁市车埠;下侏罗统桐竹园组。

膜蕨型锥叶蕨　*Coniopteris hymenophylloides* Brongniart
（图版26,3、4）

本种的主要特点:末次羽片基部下边一般具变态小羽片;基部小羽片近于对称;实羽片强烈退缩,但沿羽轴边总保留有一定的叶膜;囊群较宽,具柄。

产地层位　当阳市三里岗、荆门市海慧沟、秭归县香溪、兴山县回龙寺、大冶市金山店等;下侏罗统桐竹园组。

墨累锥叶蕨（相似种）　*Coniopteris* cf. *murrayana*（Brongniart）
（图版26,1、2）

本种的主要特点:基部小羽片变态叶位于末二次羽片上边;基部下边的小羽片要比其对应的上边小羽片小;实羽片略有退缩;囊群较小,下陷于叶膜。

产地层位　秭归县香溪,兴山县回龙寺、大峡口;下侏罗统桐竹园组。

分类位置不明的真蕨纲植物　Filices incertae sedis
楔羊齿类　Sphenopterides
楔羊齿属　*Sphenopteris*（Brongniart）Sternber,1825

羽状复叶。小羽片楔形、卵形至圆形等;基部常呈楔形或柄状,有时下延;边缘常分裂为尖或钝的裂片。叶脉羽状或扇状,主要为二歧合轴式分枝;中脉较弱。

分布与时代　世界各地;晚泥盆世—白垩纪。

扇楔羊齿?　*Sphenopteris? recurva* Dawsor
（图版8,9）

小羽片互生,扇形,前端分裂为若干楔形裂片;裂片继续裂成狭而弯曲的小裂片,顶端钝圆,近于平截。叶脉不明显。

产地层位 长阳县；上泥盆统黄家磴组。

栉羊齿类 Pecopterides
栉羊齿属 *Pecopteris* Brongniart, 1822

羽状复叶。羽片着生于轴的两侧或腹面，小羽片以舌形、椭圆形、矩形为主，少数三角形、镰刀形，基部整个着生于末级羽轴上或略收缩，边缘近于平行，一般全缘，偶呈波状或浅裂。叶脉羽状，中脉显，侧脉不分叉或分叉数次。

分布与时代 世界各地；早石炭世—晚三叠世。

栉羊齿（未定种） *Pecopteris* sp.
（图版10，4、5）

小羽片呈长舌形，长为宽的2.0～2.5倍，顶端钝圆，基部微下延。中脉明显直达顶端，侧脉不分叉或分叉1次，自中脉斜伸互相平行直达边缘。

产地层位 黄梅县马鞍山；乐平统龙潭组。

枝脉蕨属 *Cladophlebis* Brongniart, 1849

多次羽状复叶。小羽片呈镰刀形、亚三角形，全缘、波状或具锯齿，顶端尖或钝，基部不对称，全部着生。中脉常伸至小羽片顶端或至顶端附近分叉与侧脉等粗。侧脉分叉或罕不分叉。

分布与时代 世界各地；二叠纪—白垩纪。

亚洲枝脉蕨 *Cladophlebis asiatica* Chow et Yeh
（图版18，3）

轴粗强，宽达6.5mm，具纵纹。羽片互相接触或复叠，长10cm以上，宽2.5cm，羽轴宽2mm。小羽片呈长镰刀形，互相紧挤，顶端钝圆或亚尖，全缘。中脉显，侧脉不甚清楚，隐约分叉2次。

产地层位 鄂州市程潮；下侏罗统桐竹园组。

当阳枝脉蕨 *Cladophlebis dangyangensis* Chen
（图版19，3、4）

本种以羽片基部下行第一个小羽片着生于羽轴下延处，呈明显的变态小羽片为主要特征区别本属其他种。

产地层位 当阳市三里岗；下侏罗统桐竹园组。

高氏枝脉蕨　*Cladophlebis kaoiana* Sze

（图版23,7）

羽片基部上边第一小羽片呈长方形或长椭圆形,与主轴大致平行,下行第一小羽片较短,与主轴约成45°交角。叶脉细,较松,侧脉在靠近基部分叉2次。在前端分叉1次。

产地层位　赤壁市苦竹桥;上三叠统九里岗组。鄂州市碧石渡;下侏罗统桐竹园组。

广元枝脉蕨　*Cladophlebis kwangyuanensis* Li

（图版18,2）

本种以小羽片较短和较直,边缘具细齿,叶脉分叉1～2次为特征。

产地层位　赤壁市苦竹桥;上三叠统九里岗组。

拉契波斯基枝脉蕨（相似种）　*Cladophlebis* cf. *raciborskii* Zeiller

（图版19,5）

小羽片较狭长,长2.0～2.2cm,宽6mm,基部上边略微扩张,下边略微收缩,两侧明显呈波状,顶端尖。中脉显,侧脉分叉2～3次。

产地层位　赤壁市苦竹桥、兴山县耿家河;上三叠统九里岗组、上三叠统—下侏罗统王龙滩组。

山西枝脉蕨　*Cladophlebis shansiensis* Sze

（图版17,1）

小羽片较小,全缘,互生,基部全部着生于羽轴上,顶端钝圆,不呈镰刀形。中脉下部粗强,向顶端渐渐变细直达顶端,侧脉在小羽片基部分叉2次,在上部分叉1次。

产地层位　荆门市分水岭;下侏罗统桐竹园组。

篦囊蕨属　*Pectinangium* Gu et Zhi,1974

羽状复叶,末级羽轴较细弱。小羽片垂直或近于垂直着生于羽轴两侧,呈舌形,披针形或线形,基部以整个着生于末级羽轴上,略微收缩或不收缩,顶端钝圆或截形,中脉粗强,侧脉羽状,不分叉或分叉1次,靠近侧脉顶端或顶端各具一聚合囊,聚合囊印痕为长方形,沿叶缘紧密排列成行,每个聚合囊中具一浅槽或否,每行聚合囊上各有一条与中脉平行的纵线或否。

本属与线囊蕨属（*Danaetes*）相似,唯有孢子囊群着生的位置和形态不同,后者的聚合囊着生于中脉两侧,成长线形与侧脉相间排列成行。

分布与时代　湖北、江苏、广东;二叠纪乐平世早期。

保安箆囊蕨（新种） *Pectinangium baoanense* G. X. Chen（sp. nov.）

（图版9,7）

羽状复叶，羽叶线形或长披针形，长100mm以上，宽约70mm。末级羽轴较细弱，3mm粗。小羽片垂直或近于垂直，以整个基部着生于末级羽轴两侧，分离，呈长舌形，长34mm，宽10mm，基部略收缩或不收缩，顶端圆。中脉粗强，1mm左右。侧脉以锐角从中脉伸出逐渐向外弯曲，到达边缘成直角，不分叉或分叉1次。

孢了囊聚合成聚合囊，呈长方形，长13.0mm，宽0.8mm，沿小羽片边缘紧密排列成行，每1cm有聚合囊群10～11个。

新种与 *P. lanceolatum* Gu et Zhi 的区别在新种的小羽片较短而宽，成舌形，聚合囊也明显较短而宽，无浅槽和纵线。

产地层位 大冶市保安大洪山；乐平统龙潭组。

大羽羊齿类 Gigantopterides
单网羊齿属 *Gigantonoclea*（Koidzumi），emend. Gu et Zhi,1974

大羽羊齿类的脉式如图17所示。

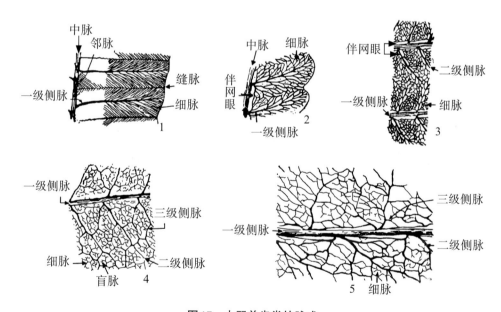

图17 大羽羊齿类的脉式

羽状复叶。小羽片披针形、长椭圆形或卵形，边缘全缘、波状具锯齿或圆齿。中脉较粗；侧脉分1～3级；细脉呈简单网状，网眼长多角形，并具伴网眼；有时有缘脉和盲脉。

本属主要特征是叶脉呈简单网状，与大羽羊齿属（*Gigantopteris*）具重网状脉式有明显不同。

分布与时代 中国、朝鲜、日本、苏联，北美洲等；二叠纪。

贵州单网羊齿(相似种) *Gigantonoclea* cf. *guizhouensis* Gu et Zhi

（图版10,6）

小羽片长椭圆形,边缘具浅锯齿。中脉粗强,宽4～6mm,具明显二级侧脉,都以60°～70°夹角与上级叶脉斜伸而出,下行二级侧脉比上行二级侧脉明显,缝脉稍偏下方,细脉隐约可见,为多角形网眼。

产地层位 大冶市保安大洪山;乐平统龙潭组。

单网羊齿(未定种A) *Gigantonoclea* sp. A

（图版10,7）

小羽片较小,长4.0cm以上,宽2.5cm,全缘,中脉显著,宽约1.5mm,一级侧脉约以45°角伸出直达边缘,更细脉不清楚。

产地层位 大冶市保安大洪山;乐平统龙潭组。

单网羊齿(未定种B) *Gigantonoclea* sp. B

（图版9,1）

叶很大,其保存者长大于14cm,宽大于8cm,还只是蕨叶前端一部分。中脉粗强(宽6mm),一级侧脉与中脉成60°夹角,也较粗强(粗约1mm),二级侧脉比一级侧脉细弱得多,不易看出网脉。

产地层位 大冶市保安大洪山;乐平统龙潭组。

带羊齿类 Taeniopterides
带羊齿属 *Taeniopteris* Brongniart,1828

叶带状,披针形,长椭圆形及长舌形,全缘或具细齿,顶端尖或钝。基部收缩。中脉显,侧脉不分叉或分叉,与中脉垂直或斜伸。

分布与时代 世界各地;晚石炭世—白垩纪。

南漳带羊齿 *Taeniopteris nanzhangensis* Feng

（图版43,3）

本种的主要特征:中脉、侧脉均较粗;侧脉不分叉或近中脉处分1次,在叶的任何处每1cm有脉9～10条,并呈"～"形。

产地层位 南漳县东巩;上三叠统九里岗组。

细脉带羊齿（相似种） *Taeniopteris* cf. *tenuinervis* Braun
（图版45,4）

叶线形,宽20～30mm。中脉粗约1mm;侧脉以直角或较小的角度伸出,不分叉,少数分叉1次,叶全缘,每1cm有脉25条。

产地层位 秭归县香溪;下侏罗统桐竹园组。

赤壁带羊齿（新种） *Taeniopteris chibiensis* G. X. Chen（sp. nov.）
（图版48,7、8）

单叶,带状,全缘,长11.0cm以上,宽3.7cm;中脉粗,靠近基部4mm,靠近顶部宽2mm;侧脉细密而弱,以锐角从中脉伸出立即分叉1次,成70°～80°交角,平行可达边缘,每1cm有脉20～23条,整个叶片布满着很细密的点痕(可能是毛发物很发育的原因),在叶膜上似沿侧脉之间成行排列,在中轴(中脉)上似呈纵行排列。

比较 新种与古生代的多脉带羊齿 *Taeniopteris multinervis* 相似,但新种的叶脉较细弱;中脉和叶膜上具细密的小点痕,可以区别。

产地层位 赤壁市苦竹桥;上三叠统九里岗组。

南漳叶属 *Nanzhangophyllum* Chen,1977

单叶较大,带状,全缘或略呈波状;中脉在下部明显,而接近叶前端时消散于侧脉中;侧脉显而粗,以很小的锐角从中脉伸出,分叉1次至数次,彼此平行,斜伸至叶边缘。

分布与时代 湖北;晚三叠世。

东巩南漳叶 *Nanzhangophyllum donggongense* Chen
（图版41,1b;图版50,1～3）

单叶,很大,全缘,带状或披针形,长20～25cm,中部宽2～6cm;具叶柄,粗2～5mm,长5～15mm;于叶下部中脉粗壮,具纵纹,有时也有横纹,中脉至近前端分叉消散;侧脉较稀松,以极小的锐角从中脉伸出后立即以25°左右角外弯,斜伸,直达叶边缘,在近中脉附近分叉1～2次;每1cm有脉9～15条。

产地层位 荆门市分水岭、南漳县东巩;上三叠统九里岗组。

（七）种子植物门　Spermatophyta

裸子植物亚门　Gymnospermae

原裸子植物纲　Progymnospermopsida

古羊齿属　*Archaeopteris* Dawson,1871

乔木状。二次羽状复叶,基部长有小羽片状或鳞片状的托叶,互生于侧枝上。末次羽片对生或亚对生,具间小羽片,羽轴平或具纵、横纹,有时具小瘤。营养小羽片螺旋着生于羽轴上成两行排列,呈楔形、菱形或卵圆形,全缘或具齿,有时深裂成瓣状或流苏状,叶脉多次二歧分枝,扇状脉序。生殖羽片与营养羽片交互或单独出现。生殖小羽片退化成细的丝状裂片,顶端分叉1次以上。孢子囊纺锤形或长卵形,具短柄或无,丛状或成行着生于近轴面,孢子囊5～20个,大小一般为1mm×3mm,无环带,具纵向裂口,少数为异孢,多数为同孢。

茎、枝、根的内部构造属于*Callixylon*型。具髓,中始式。次生木质部发育。径向壁具单列或多行排列的圆形具缘纹孔,其间为无纹孔的管胞壁所分隔。

分布与时代　中国、爱尔兰、比利时、德国、挪威、苏联、美国、加拿大、澳大利亚等;晚泥盆世。

马西伦达古羊齿　*Archaeopteris macilenta* Lesquereux
（图版7,8～10;图版8,6）

羽片对生或亚对生,约以30°夹角自轴伸出。小羽片亚对生,彼此分离,呈楔形,基部狭,顶部深裂为3～8个裂片,裂片顶端尚分裂成2～6枚尖齿。叶脉扇状,细密,直达齿缘。生殖小羽片退化成丝状裂片,顶部分叉2～3次或更多。孢子囊着生于小羽片分叉前的轴上,成行排列。

产地层位　长阳县马鞍山栏杆岩;上泥盆统黄家磴组。

种子蕨类　Pteridospermae
苏铁真蕨目　Cycadofilicales
楯形种子科　Peltaspermaceae
鳞羊齿属　*Lepidopteris* Schimper,1869

羽状复叶。主轴粗壮,具鳞泡突起。羽片披针形、线形或长卵形,互生至对生,排列紧密。小羽片长三角形、剑形或长椭圆形,以整个基部和羽轴接触,前端尖凸或钝圆,基部略毗连,质厚;叶脉常不清楚。轴侧具间小羽片。

分布与时代　亚洲、欧洲;晚三叠世。

奥托鳞羊齿 *Lepidopteris ottonis*（Goeppert）Schimper
（图版 27,4～8）

主轴和羽轴均较粗强,且满布着鳞泡肿状突起。在两个羽片之间的主轴两侧紧密地排列着 3～7 个间小羽片。末次羽片线形至剑形。小羽片呈栉羊齿（*Pecopteris*）型;叶质厚;叶脉显,中脉直达小羽片顶端;侧脉斜伸直达边缘,不分叉。

产地层位 南漳县东巩;上三叠统九里岗组。

粗壮鳞羊齿 *Lepidopteris stuttgartiensis*（Jaeger）Schimper
（图版 27,1～3）

本种主要特点:羽轴很粗厚（5～6mm）且满布着鳞泡肿状突起;羽片排列疏松;小羽片全缘,顶端较钝圆。

产地层位 荆门市分水岭、秭归县泄滩;上三叠统九里岗组、上三叠统—下侏罗统王龙滩组。

盔形种子科 Corystospermaceae
丁菲羊齿属 *Thinnfeldia* Ettingshausen,1852

多数作一次、少数作两次羽状分裂。中轴不分叉;作两次羽状分裂时,常具间小羽片。脉序和小羽片呈座延羊齿型,少数呈齿羊齿型,呈座延羊齿型者,其小羽片基部常循羽轴下延,中脉一般明显,侧脉大多数分叉（少数不分叉）,并有直接来自羽轴的邻脉;呈齿羊齿型者,有时没有中脉。叶膜厚至很厚,革质状;表皮细胞呈多边形至伸长的长方形,表面平滑,壁是直的;气孔器只见于下表皮层,并且大都限于侧脉之间,常排列呈明显的带状,小气孔下陷;副保卫细胞相当多,一般 4～7 个,呈规则的圆圈,环绕于小气孔之外。副保卫细胞的壁较薄,或微微地角质化。生殖器不明。

分布与时代 亚洲、欧洲、北美洲;晚三叠世—早侏罗世。

赤壁丁菲羊齿（新种） *Thinnfeldia chibiensis* G. X. Chen（sp. nov.）
（图版 28,4）

整个羽片长 10.0cm 以上,于中上部最宽处 5.3cm,一次羽状分裂,羽轴较细,近基部 1.8mm 粗,中上部 1mm 粗,轴表面具细纵纹,在基部具明显的横纹或横脊。裂片（小羽片）线形或剑形,位于羽片中上部的裂片最长（3.4cm）,基部最宽（0.8cm）,自基部渐渐向顶端窄尖;位于羽片两端的裂片较短较小,对生,排列松,彼此分离,上边基部微微收缩,下边基部明显沿轴下延至下一个裂片基部相连或稍接触,裂片边缘具波状盾齿。中脉颇强,直达裂片顶端,叶膜厚,革质状,侧脉很微弱不甚清晰,但在放大镜下可看到细弱的侧脉分叉多次,呈座延羊齿型（*Alethopteris*）,具邻脉。

比较 新种最大特点以轴细弱；裂片剑形边缘具波状钝齿，基部下边强烈下延与下一裂片相连或稍接触等，易区别本属其他种。

产地层位 赤壁市苦竹桥；上三叠统九里岗组。

匙形丁菲羊齿（新种） *Thinnfeldia spatulata* G. X. Chen（sp. nov.）
（图版29,3、4）

一次羽状复叶，轴甚粗壮，下部粗6mm，近顶部粗3mm，表面粗糙，具细纹。下部小羽片匙形，前端最宽1.2cm，长3.5～4.0cm，向基部渐收缩，一般上侧边略渐渐收缩，下侧边近基部开始收缩，而后又扩张沿轴下延，但有的小羽片于基部最宽向前端渐狭，顶端钝尖；上部或靠顶部的小羽片呈楔形，但基部叶膜仍然明显沿轴下延。中脉明显，基部沿轴下延，至近顶端分叉消散，侧细密，分叉多次，有直接从羽轴伸出的邻脉。

比较 新种以粗壮而粗糙的羽轴和多态别致的小羽片，可以区别本属其他种。

产地层位 荆门市分水岭；上三叠统九里岗组。

菱形丁菲羊齿 *Thinnfeldia rhomboidalis* Ettingshausen
（图版28,1～3）

一次羽状复叶，轴较粗3～4mm，上具细纵纹，小羽片线状披针形，宽4～13mm，长27～35mm，近于对生，基部上边微微收缩，下边顺轴下延。脉序同座延羊齿型；中脉粗强直达顶端，侧脉较细密，以锐角伸出，不分叉或分叉，斜伸至叶边缘。基邻脉。

产地层位 荆门市分水岭；上三叠统九里岗组。

西河丁菲羊齿（订正） *Thinnfeldia xiheensis*（Feng），emend. G. X. Chen
（图版48,4～6）

根据西河荆门叶（*Jingmenophyllum xiheense* Feng）［1977年出版的《中南区古生物图册（三）》，正文第250页，图版94中的图9］、南漳尼尔桑（*Nilssonia nanzhangensis* Feng）［1977年出版的《中南区古生物图册（三）》，正文第220页，图版87中的图1～3］的研究成果，加上目前采集到的化石比较完整，带有羽轴的这种"叶膜具规则的褶痕"标本，证实了西河荆门叶（*Jingmenophyllum xiheense* Feng）是羽叶上部或顶部的破碎羽片。南漳尼尔桑（*Nilssonia nanzhangensis* Feng）是羽叶下部单独裂片的一小段。

根据新材料补充其主要特点：一次羽状复叶；于羽叶下部的裂片大，呈带状披针形，排列较松，于羽叶上部的裂片小，呈线状披针形，排列紧挤；裂片顶端渐尖或钝；基部明显顺轴下延，并具邻脉。像这种裂片基部顺轴下延明显，并具邻脉，而叶脉羽状，不连接成网状的中生代标本，到底归于 *Thinnfeldia* 属内，还是归于北美古生代的 *Protoblechnum* 属内。我们认为归于前者为宜。

产地层位 荆门市分水岭、西河，南漳县东巩；上三叠统九里岗组。

奇羊齿属（新属） *Aetheopteris* Meng et G. X. Chen（gen. nov.）

叶大，掌状复叶，由4枚小叶共同着生于一总叶柄顶端或枝干顶端。小叶呈披针形或带状，全缘，在不同的部位呈二分叉状分裂，分裂成叉状的两个裂片（叉状小叶），或不分叉，基部楔形对称，或为不对称的耳翅状圆截形，顶端钝圆或钝尖，具小叶柄。中脉粗壮，与小叶一样，二分叉，其叉支伸入裂片，直达顶端；侧脉以不同的锐角从中脉伸出，呈羽状，一般分叉，亦有少数不分叉。

属征的比较见属型种的比较。

属型 *Aetheopteris rigida* G. X. Chen et Meng（gen. et sp. nov.）

分布与时代 湖北；晚三叠世。

坚直奇羊齿（新属新种）

Aetheopteris rigida G. X. Chen et Meng（gen. et sp. nov.）

（图版51,3、4；图版52,3）

叶很大，呈掌状复叶，由4枚小叶共同着生于一总叶柄顶端。该柄坚直，粗7～10mm，长120mm以上，具纵纹。小叶（羽叶）全缘或波状，顶端钝或尖，具小叶柄：粗3～4mm，长3～6mm。小叶同株异型：其内侧的2枚小叶，在近基部，其中脉和叶片均二分叉或二歧分叉，分裂成叉状的2个裂片，分叉角10°～35°，小叶最宽在分叉处，约有35mm，长度在10cm以上，基部渐渐狭缩成楔形，对称；而外侧的两枚小叶呈带状披针形，可能不是二分叉，最宽处在基部，约40mm，向前方徐徐狭缩，顶端不明，基部下行扩张后突然急骤的收缩成耳翅状圆截形，中脉偏上行（上行很窄），基部不对称。中脉自总叶柄顶端伸出以粗壮、坚直、直达叶的顶端，其下部粗3～4mm，向前方徐徐狭细。侧脉从中脉两侧伸出成羽状，分叉1～3次，有少数不分叉，在外侧小叶基部下行扩张部分，其叶脉以很小的锐角从中脉伸出后很快就外弯，近于直角交于叶边缘，分叉可达3次，其他部位的叶脉一般以锐角伸出，较直地斜伸达叶边缘，分叉1～2次。近中脉附近每1cm有脉10～13条；近叶边缘附近每1cm有脉16～20条（图18）。

比较 新属种就其掌状复叶而言，与鱼网叶属（*Sagenopteris* Presl）很相似，但后者的叶脉为网状，小叶不是二分叉。如只从小叶具叶柄，二分叉，以及羽状脉序等特征看，新属种与兴安叶属（*Xinganphyllum* Huang, 1977）相似，但后者不是掌状复叶，而前者外侧小叶又不分叉，两者还是好区别。根据周统顺对中华叉羽叶（*Ptilozamites chinensis* Hsü）的补充材料来看，新属种与其更为相似，如两者均为掌状复叶，4枚羽叶（小叶），其内侧2枚羽叶（小叶）二分叉，外侧2枚羽叶（小叶）不分叉等，不过中华叉羽叶的羽叶（小叶）呈羽状分裂成狭长的小裂片，叶脉平行不分叉。综上所述，我们认为新属种与叉羽叶（*Ptilozamites*）为同一时期的物种，也许两者有较密切的亲缘关系。可惜，当前标本未能保存有角质层，无法研究它的表皮构造，进一步深入探讨它的分类位置，暂时把它放入种子蕨类（Pteridospermae）。

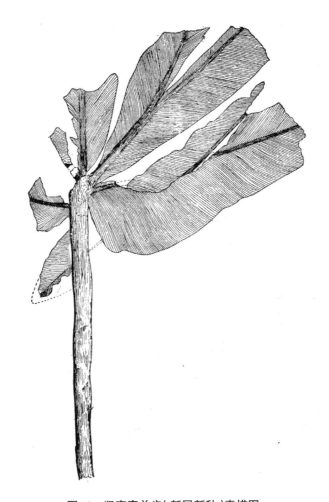

图18　坚直奇羊齿（新属新种）素描图

产地层位　荆门市分水岭；上三叠统九里岗组。

篦似查米亚属　*Ctenozamites* Nathorst, 1886

2～3次羽状分裂，羽轴粗。羽片，长线形，全缘，与轴成锐角，羽片全部接触于轴上，基部下边略向下延，无中脉。叶脉直接从轴伸出，分叉1次至数次，互相平行或略呈放射状。具间小羽片。表皮构造接近苏铁式。

分布与时代　中国、越南、瑞典、英国、美国；晚三叠世—早侏罗世。

苏铁型篦似查米亚　*Ctenozamites cycadea*（Berger）

（图版30，1～3；图版41，1c）

叶至少2次羽状分裂。羽轴较粗，作不等二歧分枝，但顶端作等二歧分枝。轴上两侧紧密排列着间小羽片，其数目视部位不同多寡不一样，一般靠顶部多，下部少，形态与普通小羽片一样。小羽片一般对生至亚对生，略呈镰刀形或长卵形，排列紧密，全缘，顶端钝圆，基部下边略下延,上边略收缩。每小羽片叶脉一般6～8条,从羽轴伸出,平行直达顶端。

产地层位 荆门市分水岭、南漳县东巩;上三叠统九里岗组。

沙兰篦似查米亚 *Ctenozamites sarrani* Zeiller
（图版28,5）

羽状分裂,长度不明,宽40mm。小羽片张开而直,基部互相连接,两侧边互相平行或微微地互相连接,基部微下延,顶端钝圆,宽12mm,长20mm。叶脉微向外弯,和侧边大致平行,分叉1次或不分叉。

产地层位 远安县铁炉湾;上三叠统九里岗组。

苏铁纲　**Cycadopsida**
本内苏铁目　Bennetitales
梳羽叶属　*Ctenophyllum* Schimper,1883

本属和*Pterophyllum*相似,其区别是:前者裂片(小羽片)斜生于羽轴的腹面,线形,基部下延,后者裂片着生于轴的两侧,基部不下延,一般是和轴垂直或近于垂直。

分布与时代 中国,北美洲;晚三叠世—早侏罗世。

下延梳羽叶 *Ctenophyllum decurrens* Feng
（图版31,4）

裂片对生或亚对生于羽轴腹面,和羽轴几乎垂直,宽窄不一,下行基部下延呈耳状,上行基部微收缩。叶脉较密,不分叉或分叉1次,互相平行,每1个裂片有脉38～54条。

产地层位 南漳县东巩;上三叠统九里岗组。

湖北梳羽叶 *Ctenophyllum hubeiense* Chen
（图版31,2、3）

裂片斜生于羽轴的腹面,与轴成45°～50°交角,剑形或线形,顶端狭尖,上行基部略收缩,下行基部开始收缩变狭而后扩张下延于轴上,叶脉不分叉,平行直达顶端,每1个裂片有脉6条粗细均匀。

产地层位 当阳市大栗树岗;下侏罗统桐竹园组。

侧羽叶属　*Pterophyllum* Brongniart,1824

叶羽状,裂片以整个基部着生于羽轴两侧,线形或舌形,两侧边近于平行。叶脉平行,分叉1～3次。

分布与时代 世界各地;晚石炭世—早白垩世,以晚三叠世—早侏罗世最盛。

等形侧羽叶 *Pterophyllum aequale*（Brongniart）Nathorst

（图版33,1、2）

本种主要特征为：①裂片平行,自基部至顶端宽度基本不变；②同一羽叶裂片宽度也几乎不变；③裂片顶端呈截形。

产地层位 荆门市烟墩双仙煤矿；下侏罗统桐竹园组。

极小侧羽叶 *Pterophyllum bavieri* Zeiller

（图版30,4、5）

裂片极细,排列紧密是本种的主要特点。与 *P. ptilum* Harris的主要区别为后者裂片基部收缩,本种不收缩。

产地层位 南漳县东巩、荆门市分水岭；上三叠统九里岗组。

紧挤侧羽叶（相似种） *Pterophyllum* cf. *contiguum* Schenk

（图版32,5）

羽叶较宽约10cm。羽轴宽4mm,具横纹。裂片互生至亚对生,大小几乎相等,矩形或长方形,长4.5～5.5cm,宽6～8mm,两侧边平行,排列紧密,顶端截形或钝圆。叶脉细弱,平行,每1个裂片有脉14条左右。

产地层位 秭归县泄滩；下侏罗统桐竹园组。

下延侧羽叶 *Pterophyllum decurrens* Sze

（图版34,2）

本种主要特征为裂片线形；基部上、下均扩张并彼此相连；排列疏松。

产地层位 秭归县；下侏罗统桐竹园组。

硬叶侧羽叶 *Pterophyllum firmifolium* Ye

（图版31,1）

本种以裂片细长,坚直,基部扩张,叶膜相连,轴面具横纹为特征。

产地层位 秭归县香溪；下侏罗统桐竹园组。

舌形侧羽叶（新种） *Pterophyllum lingulatum* G. X. Chen（sp. nov.）

（图版33,5）

叶较大,羽状复叶,长椭圆形或宽披针形,长约15cm,最宽处于前端约7cm,由此向两端渐狭,羽轴较细,约1.2mm,具细横纹。裂片呈长舌形,即裂片以略扩张的基部自羽轴伸出（与上、下裂片微相连）后即明显收缩（为裂片的最窄处）,然后向前又徐徐变宽,至前端最宽处就较突然地收缩成舌状；裂片以直角或近于直角着生于羽轴的两侧，互生，排列较疏松，彼此分离；同一羽叶中的裂片宽度无甚变化，裂片最宽处9～11mm，最窄处约6～8mm，最长裂片有4cm，在羽叶基部最短的裂片约1cm。叶脉细密，平行；于裂片基部的上、下扩张部位的叶脉以较小角度伸出，在中部的叶脉成直角伸出；一般叶脉在裂片基部不分叉或分叉1次，至前端时分叉1～2次。每1个裂片于基部含脉8～12条，前端含脉20～26条。

比较　新种裂片排列较疏松，基部略有扩张并彼此微相连，与 P．subaequale Hartz、P．jaegeri Brongniart 可以比较，但后两者的裂片较细长，且两侧边也较直而互相平行，前端无加宽现象，易区别。

产地层位　荆门市凉风垭；下侏罗统桐竹园组。

灵乡侧羽叶　*Pterophyllum lingxiangense* Meng

（图版32，3、4）

轴粗2～3mm，具纵纹；裂片垂直地着生于羽轴两侧，互生排列疏松，线形，宽约3mm，上侧边平直，下边至上部向前上方弯伸，顶端尖，下行基部下延。叶脉细，平行，每1个裂片有脉8～11条。

产地层位　大冶市灵乡黑山；下白垩统灵乡组。

壮观侧羽叶　*Pterophyllum magnificum* YDS

（图版36，9）

叶呈长椭圆形或宽短带形，具短柄，长15.0cm，中部宽3.2cm，顶端和基部均钝圆。叶柄与羽轴粗细相近似，约2.3mm，至顶端渐变细，约1mm，上具纵纹。裂片与羽轴垂直，排列整齐而密，对生或亚对生，羽叶中部的裂片长16mm，宽7mm，同一羽叶中的裂片宽度无甚变化，两侧边平行，顶端截形或钝圆。叶脉细密，分叉，平行。每1个裂片基部有脉18～20条，前端约有30条。

产地层位　荆门市分水岭；上三叠统九里岗组。

那托斯特侧羽叶　*Pterophyllum nathorsti* Schenk

（图版33，4；图版51，6）

羽叶线形或披针形。羽轴上有横纹。裂片大小几乎相等，自羽轴两侧或腹面两侧边伸出（不像 *Nilssonia* 覆着羽轴），互生或半对生，下部两侧较直，至前端下侧边向上弯成弧形，略呈镰刀状，顶端钝圆。叶脉细，平行，不分叉或偶尔分叉，每羽片有脉5～7条。（该种曾有人主张归入 *Nilssonia* 或 *Tyrmia* 属内）。

产地层位　当阳市大崖河、三里岗、大栗树岗，秭归县香溪；下侏罗统桐竹园组。

波塔里侧羽叶（相似种） *Pterophyllum* cf. *portali* Zeiller

（图版32,1）

羽轴具横纹。裂片舌状,排列紧挤,长约14mm,宽7mm。每1个裂片有脉8～12条,平行地向前延伸,不分叉,有时分叉。

产地层位 秭归县香溪;下侏罗统桐竹园组。

亚等形侧羽叶 *Pterophyllum subaequale* Hartz

（图版34,1）

一次羽状复叶,长可达26cm,宽约8cm,轴宽2.5mm,上具纵纹,有时也具横纹。裂片对生至互生,着生于羽轴两侧,排列整齐,较疏松,彼此分离,长30～38mm,宽5～7mm,两侧边近于平行,顶端钝圆,基部略有扩张,有时与相邻裂片相连,几乎垂直于羽轴。叶脉细密,分叉1～2次,每1个裂片有脉14～18条。

产地层位 荆门市凉风垭;下侏罗统桐竹园组。

中国侧羽叶 *Pterophyllum sinense* Li

（图版36,10）

本种以细狭的裂片,宽度变化很小,排列整齐为主要特征。

产地层位 远安县九里岗;上三叠统九里岗组。

梯兹侧羽叶 *Pterophyllum tietzei* Schenk

（图版32,2）

羽叶很大。中轴甚粗可达5mm。裂片互生,宽线形,宽度不等,与轴成直角,下行基部下延于轴上,顶端钝圆。叶脉细而密,一般不分叉,或在裂片基部分叉1次。

产地层位 秭归县香溪;下侏罗统桐竹园组。

异羽叶属 *Anomozamites* Schimper,1870

叶羽状分裂。轴较细。裂片大小不一,宽而短（长小于宽的2倍）,以整个基部着生于羽轴两侧,基部略扩大,顶端钝圆或圆形,也有尖形。叶脉平行,不分叉或分叉。

分布与时代 亚洲、欧洲;晚三叠世—白垩纪。

安杜鲁普异羽叶 *Anomozamites amdrupiana* Harris

（图版36,8）

叶羽状,线形或披针形,长80mm,宽12mm。裂片对生,着生于羽轴的两侧,全缘或呈波浪形的边缘,中部裂片长12mm,宽6mm,基部羽叶不分裂。叶脉平,分叉1次,边缘每1cm

有脉50条左右。

产地层位　远安县九里岗;上三叠统九里岗组。

纤细异羽叶(相似种)　*Anomozamites* cf. *gracilis* Nathorst
(图版34,3)

裂片很小,呈长方形或近正方形,长度略大于宽度,顶部渐狭,顶端钝圆,互生,排列紧挤,有时互相连在一起,形状常有变异。叶脉纤细清晰,互相平行,大多数在距基部不远即分叉。

产地层位　当阳市三里岗、秭归县香溪;下侏罗统桐竹园组。

变异异羽叶　*Anomozamites inconstans*(Braun)
(图版33,6a;图版34,4、5)

羽轴上具横皱纹。羽叶分裂为不相等的裂片,呈长方形或长三角形,顶端钝圆,长8~25mm,宽3~10mm。羽叶下部常不分裂。顶部裂片微弯成镰刀状。叶脉平行,常在近基部分叉1~2次,裂片顶部每1mm有脉4条。

产地层位　当阳市桐竹园;下侏罗统桐竹园组。

荆门异羽叶(新种)　*Anomozamites jingmenensis* G. X. Chen(sp. nov.)
(图版33,3)

羽片线形,宽13mm,长约10cm,羽轴粗强,宽1.5mm,具纵纹。裂片大小略有差异,矩形,长大于宽,一般长5mm,宽2.5~4.0mm,以整个基部着生于羽轴两侧,瓦生至对生,与轴近于垂直,排列整齐较松,互相分离,两侧边平行,在靠近顶端处,下侧边急剧向上收缩,下角钝圆,上角凸钝,顶缘略带平截,基部扩张,上、下裂片基部微微相连。叶脉以直角从羽轴伸出,于中部分叉1次或不分叉,互相平行达顶端。每1个裂片有脉6~12条。

比较　新种与*A. minor*较相似,但新种的裂片有大小之别,基部扩张蹼相连,易区别。

产地层位　荆门市烟墩双仙煤矿;下侏罗统桐竹园组。

苦竹异羽叶(新种)　*Anomozamites kuzhuensis* G. X. Chen(sp. nov.)
(图版35,6~8;图版59,19b)

一次羽状复叶,线形,长8.5cm以上,宽约3.0cm,轴粗2mm,具细纵纹。裂片互生,彼此分离,近长方形,长大于宽,下侧边呈"S"字形,于基部下延,至顶部向上收缩(向上弯曲);上侧边较平直,或略上弯弧形(基部沿轴向上略扩张);裂片基部彼此略相连或不连,顶端钝圆。叶脉于裂片中部与轴垂直伸出,于裂片上下基角的叶脉和轴成小锐角伸出,一般在裂片中部分叉1次,个别于顶部再分叉1次。

比较　新种与*A. loczyi*相似,唯一区别是新种叶脉分叉次数少,一般只分叉1次,个别分叉2次,易区别。

产地层位 赤壁市苦竹桥;上三叠统九里岗组。

洛采异羽叶 *Anomozamites loczyi* Schenk
（图版34,6～8）

本种裂片形态较特殊:裂片基部的两边略扩大后,向内稍为收缩,然后又徐徐向前扩大,最后收缩成圆形;叶脉分叉次数较多:有2～3次。极易与本属其他种区分。

产地层位 赤壁市苦竹桥、当阳市庙前;上三叠统九里岗组。

具缘异羽叶(相似种) *Anomozamites* cf. *marginatus* Nathorst
（图版37,7、8）

羽状复叶,线形,长9cm以上,宽2.4cm左右,轴粗强,具纵纹,粗约2.2mm。裂片大小近相等,舌形,一般长大于宽,长9mm,宽5mm,叶脉细弱不显,但边缘明显加厚具缘特征。

产地层位 鄂州市程潮;下侏罗统桐竹园组。

赤壁异羽叶(新种) *Anomozamites chibiensis* G. X. Chen(sp. nov.)
（图版35,1～5）

一次羽状复叶,线形,叶体大小不一,其中一块较小者,叶体完整,其全长7.7cm,中上部最宽1.4cm。羽轴上具细纵纹。裂片对生,彼此分离,裂片的形态由羽片基部至顶端的变化:由半圆形→钝三角形→矩镰刀形→钝三角形,最顶端裂成三朵状。裂片上侧边较直,下侧边基部沿轴下延,前端向上弯曲,呈"S"字形弯曲。叶脉显而粗强,在裂片中至上部与轴垂直伸出,在下基角叶脉以锐角伸出后强烈外弯与其他脉平行,一般叶脉在基部分叉1次,偶尔在裂片前端再分叉1次。

比较 新种与A. loczyi相似,但后者裂片互生一半对生,叶脉分叉次数多(2～3次)可以区别;新种与A. kuzhuensis也相似,但后者裂片较短,互生,叶脉在上、下基角均呈锐角伸出,可以区别。

产地层位 赤壁市苦竹桥;上三叠统九里岗组。

耳羽叶属 *Otozamites* Braun,1843

叶羽状。裂片互生,以基部的一点着生,宽卵形、圆形或较细而长,顶端尖或钝,基部不对称,上行基部成耳状,下行基部常钝圆。叶脉自裂片基部放射而出,斜交于裂片的边缘。

分布与时代 亚洲、苏联、北美洲;晚三叠世—早白垩世。

混型耳羽叶 *Otozamites mixomorphus* Ye

（图版38,1）

羽叶小,线状披针形,中部宽1.0～1.8cm,长可达15cm,自中、下部徐徐向前和基部狭缩。裂片以基部的大部分或几乎全部着生于轴面,近垂直并仅于裂片的前端微向上弯,排列紧密而互相叠覆,宽线形或长舌形微成镰刀形弯曲,上侧边略弯或近于平直,下侧边稍弯曲至前端突然以一较小的弧度弯曲向上,与上边相交成钝圆或略带尖锐的顶端,基部上边圆形,其耳仅在叶的下部或近基部的裂片上有所呈坝,基部下边略收缩或平直。叶脉显,自裂片基部平行伸出,微作放射状,靠近上、下侧边的脉分别与侧边相交,大部分叶脉交于裂片前端,分叉1～2次,分叉的部位在裂片的下部和上部,每1mm有脉3～4条。本种与孟加拉耳羽叶［*Otozamites bengalensis*（Oldham et Morris）］［1977年出版的《中南区古生物图册（三）》,正文第227页,图版86中的图7］相同。

产地层位 当阳市三里岗、观音寺、白石岗,秭归县香溪;下侏罗统桐竹园组。

香溪耳羽叶 *Otozamites hsiangchiensis* Sze

（图版37,1、4）

本种主要特征:①裂片着生于轴的部位总是在裂片的下半部,占其下部的2/3;②裂片常作镰刀状弯曲,其两侧边均以同样的弧度弯曲向上,基部边缘几乎平行于轴,上缘角微微扩大成耳,仅突过轴部的中线;③叶脉较粗,自羽轴,以极小锐角,平行伸出6～8条,急剧折转70°～80°,不断分叉向裂片的各个方向伸展（放射状）。包括当阳耳羽叶（*Otozamites tangyangensis* Sze）。

产地层位 荆门市海慧沟、当阳市桐竹园、秭归县香溪;下侏罗统桐竹园组、香溪组。

中印耳羽叶 *Otozamites indosinensis* Zeiller

（图版37,2）

羽叶长披针形,羽轴粗1mm左右。裂片长12mm,宽5mm,镰刀形,前端尖圆,基部收缩呈耳状,排列紧密。叶脉自基部呈放射状伸出,分叉2～3次,较密,接近裂片下边的叶脉近于平行。

产地层位 鄂州市程潮;下侏罗统桐竹园组。

克里皮斯特耳羽叶（相似种） *Otozamites* cf. *klipsteinii* Dunker

（图版37,3）

这和英国早自垩世地层中的 *O. klipsteinii* Dunker 的小羽片相似。只保存单独小羽片,长23mm,最宽处7mm,基部收缩成耳状,顶端钝圆。叶脉放射状伸出,交于边缘和顶缘。

产地层位 大冶市灵乡;下白垩统灵乡组。

毛羽叶属 *Ptilophyllum* Morris, 1840

裂片几乎以整个基部着生于羽轴的腹面上,斜伸或近于垂直,排列紧密,线形至镰刀形,大小几乎相等,裂片上边基部收缩成圆形或扩张成耳状,并略与轴分离,下边基部常为下一裂片的上边基部所遮盖,微向下延,有时收缩成圆形。叶脉少,不分叉或分叉,互相平行或近于平行,直达裂片顶端。有些种的叶脉呈放射状。

分布与时代 亚洲、欧洲、南极洲,阿根廷;晚三叠世—早白垩世。

紧挤毛羽叶 *Ptilophyllum contiguum* Sze

(图版36,5、6)

本种以裂片基部直而微微扩张;裂片互相叠覆。叶脉一般在裂片中、下部分叉1～2次。
产地层位 鄂州市程潮、秭归县香溪;下侏罗统桐竹园组。

兴山毛羽叶 *Ptilophyllum hsingshanense* Wu

(图版36,3、4)

这个种的主要特点:裂片自基部至顶端宽度不变,只在顶端下侧边急速向上收缩,使下顶角钝圆,上顶角尖锐,顶缘略成平截;叶脉数目较多,每1个裂片有脉5～8条,不但在裂片下部分叉,在裂片上部也分叉1～2次。
产地层位 兴山县回龙寺,秭归县泄滩、沙镇溪,荆门市海慧沟;下侏罗统桐竹园组。

栉形毛羽叶 *Ptilophyllum pecten*(Phillips)

(图版36,7)

羽叶线形至披针形。裂片狭小,斜生于羽轴腹面,排列紧密,两侧边平行,常弯成镰刀状,顶端尖锐,基部对称,下边基部略沿轴下延,上边基部收缩成圆形。叶脉在基部略散开,然后平行地伸展。
产地层位 秭归县香溪;下侏罗统桐竹园组。

索卡耳毛羽叶(相似种) *Ptilophyllum* cf. *sokalense* Doludenko

(图版38,4、5)

羽轴颇粗实,具横纹,羽叶为线形或披针形。裂片斜生轴的腹面,排列紧或叠覆,宽线形或伸长矩形,顶端略平截,基部上边收缩为圆形,下边微下延。叶脉平行,靠基部分叉略作放射状伸出,少数交于侧边,大部分平行伸达顶端。
产地层位 秭归县香溪;下侏罗统桐竹园组。

似查米亚属 *Zamites* Brongniart, 1928

叶宽, 披针形。裂片着生于羽轴的腹面, 但并不将轴全部覆盖; 裂片线形或披针形, 顶端尖或钝圆, 基部常突然收缩成圆形, 两侧对称。叶脉自基部分出, 不分叉或分叉, 多与裂片边缘平行, 在裂片顶部略分散。

分布与时代 亚洲、欧洲、南非等; 晚三叠世——早白垩世。

中国似查米亚 *Zamites sinensis* Sze

（图版38,2）

羽轴较粗, 具明显的横纹。裂片小, 长三角形, 长23mm, 宽6mm, 基部收缩, 顶端稍尖, 略呈镰刀状, 上边很直, 排列紧密, 但很少互相接触, 几乎垂直地着生于羽轴上。叶脉粗壮, 自基部稍微地分散伸出去, 分叉。

产地层位 秭归县香溪、当阳市桐竹园; 下侏罗统桐竹园组。

湖北似查米亚（新种） *Zamites hubeiensis* G. X. Chen（sp. nov.）

（图版38,3）

叶羽状, 羽轴宽1.5mm。裂片线形或带形, 长54mm, 宽6mm, 顶端钝圆, 基部收缩圆形对称, 无栖。裂片与羽轴成宽角度或近于直角着生于羽轴上, 彼此分离, 间距1.5～3.0mm。叶脉细密自基部放射状分叉伸展, 而后平行直达裂片顶端。每1个裂片有脉24～30条。

比较 新种以较宽而长的裂片, 具细而密的叶脉易区别本属其他种。

产地层位 远安县九里岗; 上三叠统九里岗组。

尼尔桑带羽叶属 *Nilssoniopteris* Nathorst, 1909

具带羊齿 *Taeniopteris* 的外形和本内苏铁式的表皮细胞及气孔器。

分布与时代 中国、英国、瑞典; 晚三叠世——侏罗纪。

下凹尼尔桑带羽叶 *Nilssoniopteris immersa*（Nathorst）Florin

（图版37,5、6）

带状, 长9cm以上, 宽3cm, 顶端钝圆。中轴宽约2mm。侧脉明显, 以锐角自中轴伸出后很快向外弯, 约45°斜伸或略弯曲与边缘相交, 一般自中轴伸出时立即分叉1次。每1cm有脉14～20条。

产地层位 荆门市分水岭; 上三叠统九里岗组。

变异尼尔桑带羽叶　*Nilssoniopteris jourdyi*（Zeiller）Florin
（图版37,9、10）

叶带状至剑形,长7cm以上,宽1～2cm,中轴宽1mm,具纵纹。叶脉细密,以较大的角度伸出并近于垂直地伸达叶缘,而靠近叶上部叶脉则以较小角度伸出,并略向前斜伸,多数叶脉在中轴附近分叉1次,中途再分叉1次。每1cm有脉32～36条。

产地层位　荆门市分水岭;上三叠统九里岗组。

狭带尼尔桑带羽叶（相似种）　*Nilssoniopteris* cf. *vittata*（Brongniart）Florin
（图版38,6）

叶线形至披针形,长约20cm,宽3cm,顶端钝或平截,基部狭细,并且短而粗的柄。中脉平滑,侧脉以直角自中脉伸出,分叉1次或2次,每1cm有脉12～24条。

产地层位　当阳市白石港;下侏罗统桐竹园组。

韦尔奇花属　*Weltrichia* Braun, emend. Harris, 1969
韦尔奇花（未定种）　*Weltrichia* sp.
（图版57,5）

保存不全的本内苏铁雄花,杯状,下部连接约20mm长,上部作放射状分裂约为5个裂瓣,裂瓣向内弯曲,长20mm,基部宽约9mm,向上收缩为尖锐的顶端。未见花粉囊,但在表面可见纵贯于裂瓣上凹凸不平的条带,在条带上似有2排椭圆形突出物以及无数的细纵纹。

产地层位　秭归县香溪;下侏罗统桐竹园组。

尼尔桑目　Nilssoniales
尼尔桑科　Nilssoniaceae
尼尔桑属　*Nilssonia* Brongniart, 1825

羽叶披针形或线形,全缘或羽状分裂。裂片变化颇大,着生于羽轴的腹面,遮盖着大部分羽轴。羽叶基部的叶片很少分裂。叶脉不分叉或分叉,几乎彼此平行。

分布与时代　世界各地;二叠纪—新近纪,晚三叠世—侏罗纪最繁盛。

装饰尼尔桑（相似种）　*Nilssonia* cf. *compta*（Phillips）
（图版40,1、2）

羽状复叶,为分裂成宽度不等的裂片。裂片长约30mm,宽5～11mm,上边较直,下边基部略微下延,顶部略呈镰刀状弯曲,叶脉粗强,不分叉,几乎互相平行。

产地层位　大冶市金山店,当阳市畜子沟、白石岗、贾家店;下侏罗统桐竹园组。

脆尼尔桑 *Nilssonia fragilis* Harris

（图版39,2;图版40,4）

本种主要特征：带状全缘;叶膜具有很规则的褶痕,每1cm有褶痕3～5条;每2条褶痕间有脉4～8条。

产地层位 当阳市马头泗、白石港、桐竹园,鄂州市程潮;下侏罗统桐竹园组。

赫默生尼尔桑(相似种) *Nilssonia* cf. *helmerseniana*(Heer)

（图版40,5）

羽叶分裂成宽度不等的长三角形裂片,互生,与羽轴近于垂直,基部略为扩张,两侧逐渐向前端收缩,顶端钝尖或尖。叶脉不分叉,互相平行,除裂片基部扩大部分的叶脉以较小角度伸出并向外弯,中部叶脉一般以近直角伸出。每1个裂片所含叶脉的数量视裂片的大小不一,有8～18条。

产地层位 鄂州市程潮;下侏罗统桐竹园组。

井上尼尔桑 *Nilssonia inouyei* Yokoyama

（图版45,5、6）

叶线状披针形或带状,全缘或边缘偶作波状。两侧边几乎平行,向两端非常缓慢地变窄。中脉(中轴)竖直,宽1～2mm。叶脉以极小角自轴伸出即急外弯,以近垂直于轴伸展,平直或微微弯伏至叶边又迅速地向上弯曲,大部分不分叉,有时靠轴分叉1次,一般每1cm有脉24条,靠叶下部每1cm有脉17条,中、上部每1cm有脉可达30条。

产地层位 秭归县香溪;下侏罗统桐竹园组。

大叶尼尔桑(新种) *Nilssonia magnifolia* G. X. Chen(sp. nov.)

（图版41,1）

羽叶很大,当前一块较大而属于羽叶前端的标本,其宽32cm,长35cm以上,羽轴5mm左右。叶膜明显地着生于羽轴腹面,并覆盖于轴的大部分。羽叶分裂成宽窄不等的带状裂片,亚对生至互生,与羽轴成宽角度(65°～85°),彼此分离,宽1.6～2.5cm,长16cm,上、下侧边大致平行,基部略为扩张,彼此基部的叶膜相连或不相连,顶端形态不明。叶脉强而显著,可分粗、细两种脉,均彼此平行,在裂片基部扩张的上、下部分的叶脉和轴成较小的锐角伸出,渐至中部几乎近于垂直轴伸出,粗脉不分叉,每1个裂片有粗脉8～16条,每2条粗脉之间一般有细脉(间细脉)5～7条,有时可达10条,不分叉或于基部刚伸出时分叉1次。

比较 新种以很大的羽叶;别致叶脉(每裂片具很规则的平行粗脉,每2条粗脉间又有明显而细密的间细脉5～7条)。易区别本属其他种。

产地层位 荆门市分水岭;上三叠统九里岗组。

摩西拉尼尔桑　*Nilssonia mosserayi* Stockmans et Mathieu

（图版40,3）

羽叶线形至剑形,羽状深裂。裂片剑形两侧边近于平行,基部略扩大,自基部向顶端很缓慢变窄,顶端略成镰刀形。裂片明显地覆盖于羽轴上。叶脉不分叉,平行直达顶端;每1个裂片有脉4～9条,每1mm有脉2条。

产地层位　当阳市桐竹园;下侏罗统桐竹园组。

东方尼尔桑　*Nilssonia orientalis* Heer

（图版39,3、4）

叶带状,全缘,长度不明,宽26～30mm。羽轴强。叶脉清楚,自羽轴腹面伸出,不分叉或偶尔分叉1次,达边缘时微微向前弯,分布均匀而细密,每1cm有脉22条。

产地层位　当阳市大崖河、三里岗、桐竹园,鄂州市程潮;下侏罗统桐竹园组。

侧羽叶型尼尔桑　*Nilssonia pterophylloides* Nathorst

（图版39,1）

裂片细长,长约65mm,宽3～7mm,与羽轴成80°交角,基部加宽并或多或少地向下拖延。叶脉不分叉,平行,每1个裂片有6～13条平行的褶痕,每条褶痕之间有1条叶脉。

产地层位　当阳市三里岗、秭归县;下侏罗统桐竹园组。

细脉尼尔桑（相似种）　*Nilssonia* cf. *tenuinervis* Sewad

（图版39,5）

叶的两侧边平行为线形,边缘低陷,全缘。叶脉细密,每1cm有脉40条,自轴近90°伸延,至边缘向上弯曲与边缘约成70°交角,不分叉或偶尔在离轴处分叉1次。

产地层位　兴山县回龙寺;下侏罗统桐竹园组。

波皱尼尔桑　*Nilssonia undulata* Harris

（图版36,1、2）

羽叶带状,全缘,顶端钝圆,叶膜具不甚规则的波浪形皱痕,每2cm内有6～8条波浪状褶痕,褶痕由褶脊和褶槽组成,其内各具脉3～7条。叶脉以直角从羽轴伸出,平行,不分叉,到达边缘时急向上弯曲。每1cm有脉18～20条。

产地层位　当阳市大崖河;下侏罗统桐竹园组。

奇脉叶属　*Mironeura* Chow,1978

叶带状,全缘或具浅缺刻。叶膜覆盖于轴的腹面上,叶脉粗而清晰,近平行,简单或二分叉1次,在不同的部位构成闭合环状脉式。

分布与时代 湖北、福建;晚三叠世。

湖北奇脉叶(新种) *Mironeura hubeiensis* G. X. Chen(sp. nov.)
(图版48,1～3)

叶带状,全缘或微波状。叶膜着生于轴的腹面。轴宽1.2～2.0mm,具横纹。叶长10cm以上,宽2～5cm。叶脉粗强而清晰,与轴垂直或近于垂直伸出,有的简单不分叉,有的在近轴处分叉1次,有的在中途分叉1次到边缘处再分叉1次,具很稀的闭式环形脉眼。

比较 新种与*M. dakengensis*相似,但后者,轴较粗强可达10mm,同时闭式环状脉眼也明显发育得多,易区别。

产地层位 荆门市过风垭;上三叠统九里岗组。

苏铁目 Cycadales
篦羽叶属 *Ctenis* Lindley et Hutton,1834

一次羽状深裂,羽轴常较粗。裂片形态变异较大,常以较大的角度着生于羽轴两侧,基部常扩张并略沿轴向上、下延伸,顶端尖、钝圆或呈截形。裂片的基部同时伸出几条叶脉,分叉,有时和侧边几乎平行,或偶尔相交。叶脉互相连接成或疏或密的网脉。

分布与时代 中国、日本、英国、格陵兰(丹)东部;晚三叠世—早白垩世。

粗脉篦羽叶(新种) *Ctenis crassinervis* G. X. Chen(sp. nov.)
(图版44,1～5)

羽叶狭长,保存长达15cm,宽1.5～3.0cm,由中部向两端缓缓狭细。羽轴粗强,直径1.5～2.5mm,表面光滑或具纵、横纹。裂片互生或亚对生于羽轴的两侧,近长方形,宽大于长[宽比长,约(1.5～3.0):1],位于羽叶中部较大裂片者宽3.6mm,长1.4mm,顶端平截或为弧形、缓波状,基部分离或微相连,位于羽叶顶部的裂片的基部相连。叶脉特别粗壮,于羽叶腹面的叶脉陷凹而叶膜鼓凸,于羽叶背面的叶脉凸起而叶膜陷凹。叶脉以直角自羽轴伸出,有的立即分叉,有的到中途或近边缘又分叉1～2次,但所有脉或支脉到临近羽叶的边缘时都分叉,并连接成交叉状的密集网格,中途网格较长而稀。

比较 从裂片的形态,其宽大于长;叶脉近羽片边缘成较密集的网格等,新种与*C. gracilis* Tsao相似,但后者羽叶细小;裂片表面具小点;叶脉弱而细密等,易区别。总之,新种竖直而狭长的羽叶,坚强的羽轴;特别粗壮的叶脉,网格密集于羽叶边缘等,与本属已知种极易区别。

产地层位 荆门市分水岭;上三叠统九里岗组。

赵氏篦羽叶　*Ctenis chaoi* Sze

（图版42,2）

裂片短舌形或近四方形,垂直着生于轴的两侧,顶端的裂片斜伸,略呈镰刀形。叶脉较细,分叉,并连接成稀疏的网脉,每1cm有脉14～20条。

产地层位　鄂州市程潮、当阳市白石岗;下侏罗统桐竹园组。

中华篦羽叶　*Ctenis chinensis* Hsü

（图版42,1）

羽叶较大。裂片线形至长镰刀形,长可达11cm,宽约2cm,全缘,在裂片中下部两侧边近于平行,上行侧边较直,基部略微收缩,下行侧边基部略微下延,顶端尖锐。叶脉明显,分叉并连接成长而稀的网眼。每1cm有脉12～16条。

产地层位　鄂州市程潮;下侏罗统桐竹园组。

篦羽叶（未定种）　*Ctenis* sp.

（图版43,2）

羽叶较大,羽轴粗,上具纵纹。裂片大,几乎垂直地自羽轴伸出,宽约4cm,长度不明,基部略扩大,上边与羽轴近于直交,下边明显下延。叶脉最初以锐角自羽轴伸出,不远就分叉,然后突然弯向前方与裂片边缘略平行,同时继续分叉连接成网。

产地层位　当阳市观音寺白石岗;下侏罗统桐竹园组。

分类位置不明的苏铁类　Cycadophytes incertae sedis
楔羽叶属　*Sphenozamites* Brongniart,1849

叶羽状,轴粗。裂片对生至互生、卵形、长椭圆形、宽斜方形或宽披针形,常不对称,基部楔形或收缩成小柄,着生于羽轴的腹面。叶脉放射状,自基部伸出后多次分叉。表皮苏铁式。

分布与时代　中国、越南、法国、意大利、英国、美国、阿根廷等;二叠纪船山世—早白垩世,多见于晚三叠世—早侏罗世。

镰状楔羽叶?　*Sphenozamites*? *drepanoides* Li

（图版45,1、2）

羽轴1～2mm宽,具细纵纹。裂片对生至亚对生,镰刀形,全缘,宽1.5cm,长4.5cm,顶端不明,基部收缩,以下边1～2mm的宽度着生于轴上,并有一加厚的硬结物。叶脉细密,每1cm有脉33条,自着生点放射伸出,分叉,靠近裂片下边的脉与下边缘近于平行,上边的脉斜交于上侧边缘。

产地层位　秭归县沙镇溪；上三叠统九里岗组。

荆门楔羽叶（新种）　*Sphenozamites jingmenensis* G. X. Chen（sp. nov.）
（图版46,4、5）

羽轴宽2～4mm,具细纵纹。裂片对生,楔形或匙形,全缘,最宽靠顶端,宽2.0～3.0cm,长4.5～5.0cm,顶端钝圆,基部收缩为楔形,无柄,大致对称。叶脉细密,自着生于轴上的基部以扇状伸出,分叉数次,往前伸展交于前端边缘,靠近两侧边的叶脉与侧边近于平行。本种包括*S. cf. changi* Szc〔1977年出版的《中南地区古生物图册（三）》,正文第233页,图版92中的图1〕。

比较　新种与*S. changi* Sze相似,但后者裂片成斜方形,叶脉与上侧边斜交,易区别。

产地层位　荆门市分水岭、南漳县东巩；上三叠统九里岗组。

南漳楔羽叶（订正）
Sphenozamites nanzhangensis（Feng）,emend. G. X. Chen
（图版47,1、2）

羽状复叶,轴很粗强,粗可达7mm,其上具纵纹,有时也具横纹。于羽叶下部的裂片呈三角卵形,长约30mm,宽约14mm,下侧边较直,上侧边呈弧形弯曲;于羽叶上部的裂片呈圆的长方形,长约40mm,宽约15mm,上、下侧边近于平行。上述两种裂片均为全缘,对生,基部收缩,以其下边2～4mm宽度着生于羽轴上,并有一加厚似柄状的硬结物,上边收缩急剧,似成不明显耳状,下边略微收缩,不具耳。叶脉细密,自着生部分呈放射状伸出,分叉数次,靠近裂片下边的叶脉与下侧边大致平行,上边的叶脉斜交于上侧边缘。

这样的标本原归于*Drepanozamites nanzhangensis* Feng（sp. nov.）〔1977年出版的《中南区古生物图册（三）》,正文第235页,图版94中的图1〕,包括*Otozamites* sp. 1（1979年出版的《中国晚三叠世宝鼎植物群》,正文第63页,图版61中的图6）。这类标本确实与*Sphenozamites*、*Otozamites*和*Drepanozamites*都有所相似,同意厉宝贤同志于1980年研究香溪地区的*Sph. drepanoides* Li的讨论意见（1980年出版的《鄂西香溪群——晚三叠世及早、中侏罗世植物化石》,正文第79页）。当前标本的裂片对生,基部收缩部分具一硬结物（似柄状）,不具耳或耳不明显,叶脉平行于下侧边而斜交于上侧边等可区别于*Otozamites*;裂片基部虽是下边一小部分着生于轴上,但不下延,反而略有收缩之势,也可区别于*Drepanozamites*。

产地层位　荆门市分水岭、南漳县东巩；上三叠统九里岗组。

永仁楔羽叶　*Sphenozamites yungjenensis* Hsu et Tuan
（图版46,1）

一次羽状复叶,羽轴宽2mm,上具极细的纵纹。裂片对生,全缘,长椭圆形,长25～35mm,靠基部最宽为12～14mm,向基部突然收缩,以2.5mm左右的宽度着生于羽轴上,不对称,向前端渐狭,至顶端呈钝圆。叶脉扇状,靠近裂片下边的脉大致与侧边平行,靠近上边的脉都斜交于上侧边缘。

产地层位 荆门市分水岭;上三叠统九里岗组。

镰羽叶属 *Drepanozamites* Harris,1932

裂片镰刀形至不对称三角形,上侧边至基部收缩呈耳状;下侧边在基部沿轴下延,整个裂片只以下基角着生于轴的两侧。叶脉放射状,自着生部分伸出后分叉数次,靠近裂片下边的脉几乎与叶缘平行,其他脉斜伸交于上侧边和前端边缘。

分布与时代 中国、苏联、瑞士、格陵兰(丹)东部;晚三叠世。

尼尔桑镰羽叶 *Drepanozamites nilssoni*(Nathorst)
(图版47,3～5)

裂片镰刀状,以一基角着生于羽轴的两侧,羽叶中部的裂片长11～23mm,宽4～7mm,上边较直,基部收缩呈耳状,下边基部沿轴下延。叶脉放射状,分叉2～4次,斜交于羽片上边及前缘。

产地层位 赤壁市苦竹桥;上三叠统九里岗组。

副镰羽叶属 *Paradrepanozamites* Chen,1977

叶羽状。裂片以整个基部着生于羽轴两侧,上行基部略收缩,下行基部明显沿轴下延呈耳状,顶端钝圆成舌形,叶脉扇状,以锐角从轴伸出,多次二歧分叉交于裂片两侧边缘及顶端。

分布与时代 湖北;晚三叠世。

大道场副镰羽叶 *Paradrepanozamites dadaochangensis* Chen
(图版43,1)

叶羽状,轴粗1.0～2.5mm,上有纵纹,长12cm以上,宽约7cm。裂片以整个基部着生于轴的两侧,上行基部略收缩,下行基部下延呈耳状,顶端钝圆呈舌形,长22mm,宽8～10mm。叶脉扇状,以锐角从轴伸出,二歧分叉多次达边缘和顶端。

产地层位 南漳县东巩、小漳河;上三叠统九里岗组。

中国箆羽叶属 *Sinoctenis* Sze,1931,emend. Wu et Li,1968

叶羽状。裂片整个着生于羽轴的腹面,互生,下行基部略收缩,上行基部略扩张呈耳突状。脉序介于平行与放射状之间,耳突处叶脉略呈放射状自轴斜伸而出,终于耳突边缘,其余部分叶脉大致平行。

分布与时代 中国;晚三叠世。

较小中国篦羽叶 *Sinoctenis minor* Feng

（图版49,4）

裂片小；叶脉不分叉或在中部分叉1次。

产地层位 南漳县东巩；上三叠统九里岗组。

美叶中国篦羽叶 *Sinoctenis calophylla* Wu et Li

（图版49,3）

裂片基部上边耳突极弱；裂片在羽叶基部短而宽，排列也紧密，在羽叶中上部则较细长，排列也较疏松；叶脉分叉1～2次。

产地层位 兴山县耿家河；上三叠统九里岗组。

沙镇溪中国篦羽叶 *Sinoctenis shazhenxiensis* Li

（图版45,3）

本种主要特征：裂片以整个基部着生于羽轴的腹面，呈镰刀形弯曲；裂片基部不对称，上侧边呈明显的三角形耳状突起，下侧收缩；叶脉细密，多分叉1次以上，靠下侧边的脉平行下侧边，靠上侧边的叶脉呈放射状与上侧边斜交。

产地层位 秭归县沙镇溪；上三叠统九里岗组。

中国似查米亚属 *Sinozamites* Sze, 1956

叶羽状很大，羽轴具纵纹。裂片对生，以宽角度自轴伸出，线形，顶端似截形，基部突然收缩成细短柄。叶脉明显，所有叶脉都从叶基的着生点"短柄"呈放射状伸出，在基部分叉1次后又继续自由分叉，直达顶端。支脉大致互相平行。

分布与时代 中国；晚三叠世。

湖北中国似查米亚（新种） *Sinozamites hubeiensis* G. X. Chen（sp. nov.）

（图版46,2、3）

叶很大，长、宽不明。中轴很粗强，约7mm，具明显细纵纹。裂片长线形，长11cm以上，宽1.5cm，两侧大致平行，其顶端似为截形，基部突然收缩，似呈短而宽"柄"或加厚物，叶脉粗强而明显，所有叶脉都从叶基"柄"伸出呈放射状，并在基部分叉1次，两侧的叶脉交于边缘，其他自由分叉，大致平行直达顶端，每1cm有脉26条左右。

比较 新种与 *Sinozamites leeiana* 相似，但后者羽轴较细弱，裂片基部的柄较细弱，顶端及前半部两侧边作伸长的细齿易区别。

产地层位 荆门市分水岭；上三叠统九里岗组。

香溪叶属 *Hsiangchiphyllum* Sze,1949

羽叶长披针形,中轴宽而平,具明显的纵纹。裂片互生,基部收缩。叶脉明显,每1个裂片有脉3条,是粗壮的主脉,彼此平行,每2条主脉间有1条间细脉。

分布与时代 中国;早侏罗世。

三脉香溪叶 *Hsiangchiphyllum trinerve* Sze
（图版42,3、4）

裂片线形或披针形互生,和轴约成45°交角,基部收缩,中部宽约4mm,顶端渐窄成钝尖。叶脉明显,每1个裂片有3条粗壮的主脉,彼此平行,每2条主脉之间有1条间细脉。

产地层位 秭归县香溪、荆门市海慧沟;下侏罗统桐竹园组。

银杏纲 **Ginkgopsida**
银杏目 Ginkgoales
似银杏属 *Ginkgoites* Seward,1919,emend. Florin,1936

叶的形态和叶脉都与银杏属（*Ginkgo*）一致,其叶部表皮构造或其他重要的解剖构造不明,或者具有任何颇不同于现代银杏者（如似银杏上表皮的气孔一般较发育等）。

分布与时代 北半球;中三叠世—新近纪,侏罗纪—白垩纪最繁盛。

周氏似银杏（相似种） *Ginkgoites* cf. *chowi* Sze
（图版53,2、3）

叶具一明显柄,约1mm粗,20mm长。叶片长5.0cm,宽5.8cm,基部呈宽斜截形,边缘几乎无缺裂或前缘可能微浅裂。叶膜似较厚,叶脉清晰,由基部放射地伸出,分叉数次达前缘。

产地层位 鄂州市程潮;下侏罗统桐竹园组。

费尔干似银杏（相似种） *Ginkgoites* cf. *ferganensis* Brick
（图版53,1）

叶具一细长的柄。叶片扇形,深裂为大小不一的6个匙形裂片,中央2个裂片最大,长约3.5cm,前端最宽约1.2cm,向基部渐窄;向两侧裂片渐变小。叶脉较稀松,每1个裂片前端有脉6～12条。

产地层位 鄂州市程潮;下侏罗统桐竹园组。

具边似银杏（相似种） *Ginkgoites* cf. *margrinatus*（Nathorst）
（图版53,6）

叶扇形,具一细长的叶柄;叶片深裂为4～5个形态彼此相近的裂片;裂片呈倒披针形或长舌形,最大宽在中或中上部,向两端渐狭,顶端亚尖。叶脉平行,每1个裂片有脉5～7条,一般为16条。

产地层位 远安县曾家坡、荆门市海慧沟、当阳市白石港;下侏罗统桐竹园组。

大峡口似银杏 *Ginkgoites tasiakouensis* Wu et Li
（图版54,1、2）

本种特征:①叶片分裂夹角极小,裂片互相靠近,外侧两边的左右展开成一直线;②外侧裂片比中间裂片短0.5～1.0cm,发育较强,深裂,较中间裂片宽1倍;③最后裂片最宽处接近顶端,顶端略收聚为钝圆状,顶端分裂为一小缺刻;④叶脉细弱,最后1个裂片有脉3～5条,偶尔只有3条。

产地层位 兴山县大峡口,秭归县香溪、泄滩;下侏罗统桐竹园组。

奥勒鲁契夫似银杏 *Ginkgoites obrutschewi* Seward
（图版50,6）

叶具一细长的叶柄,柄粗约1mm,长9mm;叶片深裂为两半,每一半还可以同样再分裂1次,裂片呈长倒卵形或披针形,基部狭缩,顶端钝圆;叶脉,除在基部附近分叉外,其他部位很少分叉,间距约为1mm。

产地层位 当阳市桐竹园;下侏罗统桐竹园组。

拜拉属 *Baiera* Braun,1843,emend. Florin,1936

叶扇形至半圆形,具明显的柄。叶片常深裂为许多狭窄的线形或近于线形的裂片,常组成左右对列。每1个裂片有叶脉2～4条。

分布与时代 北半球;二叠纪乐平世?—晚白垩世。

雅致拜拉 *Baiera elegans* Ôishi
（图版54,3～5）

叶具长柄,扇形或半圆形。叶分裂3～4次,最先分裂为2瓣,然后每瓣再分裂2次成狭楔形的裂片,每1个裂片的顶端又浅裂成2个齿状小裂片。叶脉自基部分叉,在叶的中部,每1个裂片有叶脉3～4条。

产地层位 赤壁市苦竹桥;上三叠统九里岗组。

叉状拜拉 *Baiera furcata*（Lindley et Hutton）Braun
（图版50,4、5）

叶扇状,宽三角形至半圆形;叶片先深裂至柄端分为两半,每一半继续作不同程度二歧分裂,一般3～5次,多者6次,形成许多狭窄的狭裂片。裂片宽1.0～1.5mm,顶端尖凸,每1

对裂片会合处的交角约30°。叶脉不显。叶柄细长。

产地层位 秭归县香溪、当阳市桐竹园；下侏罗统桐竹园组。

秭归拜拉（新种） *Baiera ziguiensis* G. X. Chen（sp. nov.）

（图版55,1）

叶较大，具长柄，柄粗约1.2～2.0mm，最长可达10cm。叶扇形至半圆形，自左下侧边至右下侧边展开的角度120°～180°，最宽可达12cm。叶分裂4～5次，最先深裂至叶基部（柄端）成2瓣，然后各瓣再分裂2～3次。每裂之间分离较松，顶端钝圆或再浅裂1次，一般每1个裂片前端含叶脉4条，而浅裂小裂片2条。

比较 新种与*B. multipartita*，*B. elegans*，*Ginkgoites tasiakouensis*等都有些相似，但新种叶宽大；裂片也宽而排列较松，叶脉粗显而松，易区别。

产地层位 秭归县泄滩；下侏罗统桐竹园组。

楔拜拉属 *Sphenobaiera* Florin, 1936

叶没有明显的叶柄，楔形，狭长三角形，舌形，甚至为线形，向基部渐渐地变狭，向上或多或少地深裂为2～5个主要裂片，主要裂片还可以继续分裂1次或多次。叶脉扇状，叶片的任何处含脉多于4条。

分布与时代 世界各地；二叠纪船山世—早白垩世。

尖基楔拜拉（新种） *Sphenobaiera acubasis* G. X. Chen（sp. nov.）

（图版34,1a；图版42,5）

叶无柄，呈楔形，基部甚尖；分裂成2个几乎相等的披针形裂片，长85mm，中部最宽约14mm，向两端渐渐狭缩，顶端钝圆，基部甚尖，分叉的角度很小，在10°以内，缺裂甚深，直达叶基之底。叶脉首先从基部伸出2条，在基部附近分叉数次以后不再分叉，而彼此平行，直达顶端聚交。每1个裂片的中、上部含脉12～14条。叶脉较疏松，每2个脉之间有断断续续的间细脉（或纵纹）2～4条。

比较 新种就其形态而言，乍看之下很像*Sph. huangi*（Sze）Hsü，但新种基部甚尖，缺裂甚深，直达叶基之底，同时又具间细脉2～4条，二者易区别。新种与*Sph. pulchella*（Heer）Florin也有些相似，但后者是2次分裂，叶明显地不如前者尖，缺裂也不如前者深。二者更易区别。

产地层位 荆门市凉风垭；下侏罗统桐竹园组。

黄氏楔拜拉 *Sphenobaiera huangi*（Sze）Hsü

（图版56,1～3、6～8）

叶楔形。叶片分裂为2个几乎相等的带状裂片，分叉的角度很窄，为15°～30°，裂缺深，达叶片长度的 1/2～5/6。裂片宽 10～20mm，长为宽的 4～9 倍。叶脉较稀，每 1 个裂片含脉 12～21 条。无间细脉。

产地层位 鄂州市程潮、荆门市海慧沟、秭归县香溪；下侏罗统桐竹园组。

奇丽楔拜拉 *Sphenobaiera spectabilis*（Nathorst）

（图版 56,4、5）

叶楔形，先从中间深裂成两半，每一半继续分裂成狭长的裂片。裂片宽 10mm，顶端缺裂。裂片前端有平行叶脉 14 条，间距约 1mm。具间细脉。

产地层位 鄂州市程潮；下侏罗统桐竹园组。

茨康诺斯基叶属 *Czekanowskia* Heer，1876

叶很长无柄，以尖锐的角度作 1～5 次叉状深裂，最后形成很细的裂片，并簇生于短枝上。短枝密被鳞片状小叶。叶脉一般不清楚，最初的叶基只有 1 条，直到叶片分叉的地方，才作二歧分叉，任何地方都不多于 4 条，彼此近于平行。最后的裂片，有时也有 1 条。

分布与时代 世界各地；晚三叠世—白垩纪，侏罗纪最盛。

哈兹茨康诺斯基叶 *Czekanowskia hartzi* Harris

（图版 57,6）

保存有 3 束细线形的叶，每束不超过 10 枚。叶的宽度仅 0.6～0.7mm，长度不明，分叉，叶脉不清楚，似为 1 条或 2 条。表皮构造中的气孔器极不明显，副卫细胞和其他表皮细胞一样不具角质增厚（内壁除外）。

产地层位 兴山县大峡口；下侏罗统桐竹园组。

刚毛茨康诺斯基叶 *Czekanowskia setacea* Heer

（图版 53,4、5）

叶细线形，簇生于鳞芽状的短枝上，长 100mm 以上，宽 0.2～0.6mm。叶脉不清楚。

产地层位 鄂州市程潮、大冶市金山店；下侏罗统桐竹园组。

拟刺葵属 *Phoenicopsis* Heer，1877

叶线形，不分裂，无柄，常 6～12 枚簇生于短枝上；短枝满被鳞片状物。叶宽 2～20mm，长可达 200mm，顶端钝或钝圆。叶脉平行，偶有分叉，每 1 个叶片的叶脉，少者数条，多者 20 余条。本属有的种在每 2 条叶脉之间有间细脉或分泌道。

分布与时代 亚洲，苏联西部等；晚三叠世—白垩纪，以中侏罗世最盛。

狭叶拟刺葵 *Phoenicopsis angustifolia* Heer

（图版53,7;图版54,6）

叶线形带状,不分叉,宽5mm左右,叶脉平行,每1枚叶有脉9～12条,没有间细脉。

产地层位 秭归县香溪、大冶市金山店;下侏罗统桐竹园组。

舌叶属 *Glossophyllum* Krausel,1943

叶螺旋状着生;叶坚硬、革质、全缘,或多或少地呈舌形,直或弯成镰刀形,其最宽处在其中部,顶端钝圆,基部渐狭,最后成柄状,微微凸起,有两条维管束(叶脉)穿进,叶脉在叶的下半部分叉后继续分叉,成为很多大致平行脉。

分布与时代 中国,欧洲;晚三叠世—早白垩世。

陕西舌叶 *Glossophyllum shensiense* Sze

（图版52,7～9）

叶长15cm以上,上半部最宽达13～20mm,顶端钝圆,向基部渐狭,最后成一狭柄状。叶脉细而密,自基部分叉后继续分叉数次,彼此平行,顶端的叶脉稍聚合或不聚合。

产地层位 荆门市分水岭、远安县九里岗、当阳市银子岗、南漳县东巩;上三叠统九里岗组。

黏胶球穗属 *Ixostrobus* Raciborski
美丽黏胶球穗 *Ixostrobus magnificus* Wu

（图版51,2）

雄性花穗,宽16mm,两侧近平行,顶端钝圆,长50mm以上,下部形态不明。轴不到2mm宽,瘦弱,小孢子叶螺旋状着生于轴,斜生约构成60°夹角,不甚密集,长7～9mm,其柄的基部膨大约1mm,向上渐狭缩至末端又略微膨大,上面着生长近2mm的卵形花粉囊,可见2～3枚。

产地层位 兴山县大峡口;下侏罗统桐竹园组。

松柏纲 **Coniferopsida**
松柏目 Coniferales
松型叶属 *Pityophyllum* Nathorst,1899

单独保存的针叶化石,或具腹背性,线形,革质,单脉。叶膜上常有细的横纹。

分布与时代 北半球;晚三叠世晚期—白垩纪。

长松型叶 *Pityophyllum longifolium*（Nathorst）Moeller

（图版60,6）

叶长40mm,宽5mm,顶端渐尖或钝尖。有横纹及纵纹。脉在背面突起,腹面下凹成一长槽。

产地层位 当阳市观音寺;下侏罗统桐竹园组。

史塔拉脱希松型叶 *Pityophyllum staratschini*（Heer）,emend. Nathorst

（图版60,10）

叶线形,长90mm,宽2～3mm,顶端钝尖至尖,基部渐狭。

产地层位 当阳市观音寺;下侏罗统桐竹园组。

柏型枝属 *Cupressinocladus* Seward,1919

松柏类的枝,叶作交互对生,小,下延。游离部分的长度较下延部分短。

分布与时代 亚洲、欧洲;早侏罗世—第三纪。

雅致柏型枝 *Cupressinocladus elegans*（Chow）

（图版60,5）

主枝粗4～5mm;分枝互生,约以60°夹角从主枝伸出,末一级的细枝线形,末二级及末三级的营养枝皆成长卵形至宽针形。末二级小枝一般向两侧各分出4个细枝,末三级枝向两侧分出的细枝数目则不等,一般为5～6个细枝。叶小,鳞片状,交互对生,紧贴于枝上。

产地层位 大冶市灵乡;下白垩统灵乡组。

短叶杉属 *Brachyphyllum* Brongniart,1828

是一个内容庞杂的形态属。它包括了叶螺旋状排列的,但其下部没有连接成鞘状,顶端分离部分的长度小于叶基座宽度的松柏类枝叶化石。表皮构造近似坚叶杉。

分布与时代 世界各地;晚三叠世—白垩纪。北美洲二叠纪乐平世亦有发现。

灵乡短叶杉 *Brachyphyllum lingxiangense*（Chen）

（图版60,3）

枝粗壮,粗6mm。叶宽肥,几乎和枝等宽,鳞片状,低矮螺旋状排列（属于交互对生与螺旋状排列的过渡类型）,全部紧贴于枝上,有时顶端与枝略分离,顶端钝圆,背面有纵行排列的小点痕（可能是由下陷的气孔器组成的纵纹）。原为 *Cupressinocladus lingxiangensis* Chen。

产地层位 大冶市灵乡;下白垩统灵乡组。

假拟节柏属 *Pseudofrenelopsis* Nathorst, 1893

乔木或灌木具螺旋状排列和基部下延的叶，每1枚叶完全包裹着茎。叶的分离部分小而三角形和轴贴接处钝圆；下延基部侧向连接（除最细小枝外）呈一个不间断的圆筒直伸至下面1枚叶。

分布与时代 中国、朝鲜、波兰、葡萄牙、英国、苏丹、尼日利亚、美国、墨西哥；白垩纪。

少枝假拟节柏 *Pseudofrenelopsis parceramosa*（Fontaine）Watson
（图版60,7、8）

细枝宽3～4mm，长40mm以上，未见分枝。叶高5～9mm，呈两端略紧束的闭鞘状包裹枝轴，不具缝合线圆筒直伸，表面具纵细纹。叶的分离部分很小略呈三角形。

产地层位 大冶市灵乡；下白垩统灵乡组。

苏铁杉目 Podozamitales
苏铁杉属 *Podozamites* Braun, 1843

枝细，叶螺旋状着生或两列状排列，椭圆形至卵形或披针形至长线形，直或微弯，基部收缩。叶细而直和侧边平行，至顶端常聚于一点。

分布与时代 北半球；晚三叠世—早白垩世。

较宽苏铁杉 *Podozamites latior*（Sze）Ye
（图版57,4）

叶作螺旋状排列，呈带状披针形，长9.0～9.5cm，自中上部至下部约有3cm的两侧边几乎平行，最宽处1.3～1.5cm，自中上部向顶端逐渐狭缩为钝圆状，向基部则收缩较快，基部柄状。叶脉显著，除少数叶脉在接近顶部处与侧边斜交外，大部分于顶端聚敛，中部叶脉每1cm有脉约20条，脉间局部可见1～2条间细脉。

产地层位 秭归县香溪、沙镇溪，大冶市金山店；下侏罗统桐竹园组。

披针苏铁杉 *Podozamites lanceolatus*（Lindley et Hutto）
（图版58,3）

叶披针形，螺旋状着生于枝轴上，基部收缩，顶部渐尖，最宽处约在中部。叶脉细而直，和侧边平行至顶端聚于一点。

产地层位 鄂州市程潮；下侏罗统桐竹园组。

极小苏铁杉 *Podozamites minutus* Ye

（图版57,1；图版58,1）

叶小，螺旋状着生呈两列状排列，披针形，长28～34mm，宽3.5～5.0mm，叶的最宽部位于中部以下，自此向两端狭缩，顶端微尖而钝。叶脉自基部伸出1条，紧接着分叉2条，然后经连续分叉至最宽处达12条，有1～2条叶脉在叶的上部与侧边相交，其他叶脉均延伸至顶端相交，但不甚作收聚状。

产地层位 秭归县沙镇溪、赤壁市夕塔山；下侏罗统桐竹园组。

短尖头苏铁杉（亲近种） *Podozamites* aff. *mucronatus* Harris

（图版29,1）

叶长约4cm，宽约1cm，最宽处位于叶的中下部，基部收缩似成柄状物，顶部钝圆或钝尖，钝圆者的顶部突然收缩成一小尖头。叶脉于基部分叉，平行，最外的两条叶脉在叶的上部交于边，其余的叶脉均于顶端尖头聚敛。

产地层位 秭归县香溪；下侏罗统桐竹园组。

费尔干杉属 *Ferganiella* Prynada,1936

枝细。叶螺旋状着生于枝轴上，披针形或近卵形，基部收缩成短柄。叶脉数条，自基部伸出分叉，呈放射状，斜交于叶的边缘。

分布与时代 中国、苏联；晚三叠世—早侏罗世、中侏罗世？

苏铁杉型费尔干杉 *Ferganiella podozamioides* Lih

（图版58,4）

叶长卵形至披针形，长约2.5～3.2cm，最宽在近叶的基部或中下部约7～9mm，由此向顶端缓狭缩成尖，向基部较快收缩成一短"柄"。叶脉数条自"柄"伸出，二分叉，略扇状散出并交于前端边缘和顶端，每1cm有脉约26条。

产地层位 赤壁市苦竹桥；上三叠统九里岗组。

乌梁海费尔干杉（相似种） *Ferganiella* cf. *urjanchaica* Neuberg

（图版57,2、3）

叶螺旋状着生于枝上，呈狭披针形，最宽处靠近叶的下部，顶端稍尖，叶柄不明显。叶脉自基部伸出立即分叉，在最宽处有9～10条，平行，以极尖锐的角度交于侧边，只有中间3～4条脉伸达顶端。

产地层位 兴山县耿家河、郑家河；上三叠统九里岗组。

费尔干杉（未定种） *Ferganiella* sp.

（图版58，2）

只保存单独叶片，长3cm，最宽处于叶基部达1cm，自此向前端渐狭缩成尖顶，向基部快速收缩似柄状。叶脉数条自基点放射散开并交于两侧边和顶端，脉较稀疏，每1cm有脉18条。

产地层位　鄂州市碧石渡；上三叠统九里岗组。

准苏铁果属　*Cycadocarpidium* Nathorst，1886

果穗化石，苞片呈疏松复瓦状排列、长而宽，叶片状，略呈披针形，顶端钝，多脉。种鳞复合体具短柄，由不育鳞片退化成柄状的大孢子叶组成；不育鳞片2枚，小而弯曲，位于苞片基部内面两侧；种子2～3粒，位于不育鳞片的内侧，着生于短柄顶端，倒转。

分布与时代　亚洲，瑞典、格陵兰（丹）东部；晚三叠世。

狭小准苏铁果（新种）　*Cycadocarpidium angustum* G. X. Chen（sp. nov.）

（图版59，13、14）

苞片为叶片状，剑形或线形，形体狭窄，长24mm，中部最宽也只有3mm，由此向两端缓缓狭缩而尖锐，具有清晰而细的脉7条，不分叉，向顶端聚交。苞片基部具短柄，长4mm，靠近苞片基部约1mm，向下渐狭细，柄上具细纵纹；在苞片与柄接触处，柄的两侧各具种子1粒，0.6mm×1.0mm。未见不育鳞片。

比较　新种以狭长而两端尖锐，脉细密为主要特征，易区别已知的20多种。

产地层位　鄂州市碧石渡；上三叠统九里岗组。

爱尔特曼准苏铁果　*Cycadocarpidium erdmanni* Nathorst

（图版29，2；图版59，1～10）

标本较多，本种的主要鉴定特征：苞片比较小，有脉4～6条，不多于7条；基部柄端两侧各具1粒种子。

产地层位　荆门市分水岭、海慧沟，兴山县耿家河、郑家河，秭归县泄滩，赤壁市鸡公山；上三叠统九里岗组。

复活准苏铁果　*Cycadocarpidium redivivum* Nathorst

（图版59，15）

这个种是当前已知苞片最小的一个种。当前标本的苞片为卵形，长5.5～6.0mm，宽2mm左右，有脉4条。种子2粒，似呈三角形。

产地层位　赤壁市苦竹桥；上三叠统九里岗组。

索库特准苏铁果（相似种） *Cycadocarpidium* cf. *sogutensis* Genkina

（图版59,16～20）

苞片披针形,长30～45mm,宽6～10mm,有脉11～14条。短柄长3～6mm,两侧各具1粒圆形种子,其直径2.5mm左右,有的种子已脱落留下印痕。

产地层位 赤壁市苦竹桥、鸡公山;上三叠统九里岗组。

三胚珠准苏铁果（广义） *Cycadocarpidium tricarpum* Prynada（S. 1.）

（图版59,11、12）

苞片叶膜较厚,长卵形,长13～18mm,宽4～5mm,最宽处于中下部,两侧边近于平行,但在近基部较急收缩与种鳞复合体的柄状部分融合为一共同的果鳞柄,柄长2～6mm,宽约1mm,于近苞片基部较粗,向下狭细。种子3粒,但都脱落掉未保存,只见印痕。有脉5～7条,平行,一般不分叉,偶尔于基部分叉1次。

产地层位 荆门市分水岭;上三叠统九里岗组。

长门球果属 *Nagatostrobus* Kon'no,1962

疏松的雄性球果,呈圆柱状,由复合的小孢子叶（composite microsporophyll）从下至顶端以螺旋状排列,着生于中央轴上。复合的小孢子叶由下延的基部和长柄（peduncle）组成,其柄好像由3条茎（stalk）融合在一起所构成,在顶端分裂成3个相等的裂片（lobe）,在苞片（bract）的腹、背面均无果实。每1个裂片具有一群大约8个椭圆形的花粉囊（pollensac）。在每1个囊群中的花粉囊不具柄而且以匀称的放射状方式附着在他们的附着中心,并常常沿着侧边缘互相结合在一起形成规则而又紧密的卵圆形的集合体。花粉囊呈线形或长卵形,并含有许多亚球形和网状外膜的花粉粒［今野（E. Kon'no）认为本属是*Cycadocarpidium*属的雄性球果］。

分布与时代 中国、日本;晚三叠世。

线形长门球果 *Nagatostrobus linearis* Kon'no

（图版52,6）

产于日本山口地区的正型标本被描述为:细长的雄性球果。典型的标本长约50mm,宽约10mm;轴宽0.6～1.1mm;复合的小孢子叶与轴成45°交角呈螺旋状紧密排列着生于轴上。复合的小孢子叶由下延的基部和宽而平的柄组成,其柄长4.0～4.5mm,宽0.8mm,在接近基部以后逐渐变宽到1.5～2.0mm,在末端分裂成3个长的裂片。每1个裂片孕育有6个或稍微多一点的花粉囊,继续向上扩张的末端突起3～4mm长,最大宽度约1mm。在每1个囊群中的花粉囊呈线状或细长的卵形,其长1.6～2.0mm,宽0.2～0.3mm,一般成长卵形时,宽度可达1mm。花粉粒具壳层保护,亚球形,直径40～50μm。

当前我们的标本，虽然未在显微镜下进行微观描述，但从其宏观的形态特征来看与 *N. linearis* Kon'no 完全一致。

产地层位　赤壁市苦竹桥；上三叠统九里岗组。

史威登堡果属　*Swedenborgia* Nathorst, 1876

果穗圆柱形；轴细长；种鳞复合体，疏松地呈螺旋状排列在轴上，基部具一细长的柄，前端宽大，掌状分裂为5个大小相近的坚强的裂片；果鳞主要由不育鳞片发育而成，种鳞或大孢子叶退缩成柄状，可能具有苞鳞。种子位于果鳞之腹面（上面）裂片之下，常脱落单独保存，在果鳞腹面留下一行向上弯曲的月牙形凸起。种子表面平整，卵形或长椭圆形，为一不宽的边缘所包围，胚珠直生，珠孔微凹，指向球果轴，表皮纤细而弱，偶见气孔器，气孔器为未特化的副卫细胞组成的不规则的环所包围。

分布与时代　北半球；晚三叠世—早侏罗世。

柳杉型史威登堡果　*Swedenborgia cryptomerioide* Nathorst
（图版51,1）

保存为单独的果鳞，果鳞柄长5mm，下宽1mm，向上逐渐增粗为1.5mm左右，表面具有若干纵肋或细纵纹。裂片5个，披针形，基部1mm，长5mm，顶端尖锐。裂片的下部尚保存有1个近椭圆形的种子印痕。

产地层位　秭归县沙镇溪；下侏罗统桐竹园组。

分类位置不明的松柏类植物　Coniferopsida incertae sedis
鳞杉属　*Ullmannia* Goeppert, 1850

乔木。小枝排列不规则。叶同型，短小，螺旋排列，呈覆瓦状；卵形、短披针形或椭圆形，质厚，单脉，顶端尖或钝，基部宽而下延。

分布与时代　中国、朝鲜、法国、苏联等；二叠纪船山世晚期—二叠纪乐平世。

披针鳞杉　*Ullmannia frumentaria*（Schlotheim）Goeppert
（图版10,3）

鳞杉属，常见的2个种，即纹鳞杉（*Ullmannia bronni*）、披针鳞杉（*Ullmannia frumentaria*），二者的区别，Stoneley 在 1958 年认为：前者叶短，顶端拉钝，甚至为圆的顶端，叶长不超过叶宽的2.5倍；而后者叶较长，叶顶是尖的。当前标本，叶的形态介于二者之间，其枝的下部叶较长，顶端也较尖，与 *Ullmannia frumentaria* 基本一样，但枝上端的叶就较短而紧贴于枝上，似有点接近 *Ullmannia bronni* 的叶形，但总的叶形顶端较尖，较接近 *Ullmannia frumentaria*。

产地层位　大冶市保安大洪山；乐平统龙潭组。

枞型枝属 *Elatocladus* Halle,1913

叶为螺旋状或假两列状排列的松柏类植物的营养枝叶化石,不具其他松柏类化石的属所特有的任何特征。

分布与时代 世界各地;石炭纪?—白垩纪?

枞型枝(未定种A) *Elatocladus* sp. A
(图版60,1)

松柏类枝、叶。叶螺旋状排列不明显,似作对生至半对生,直或微弯,单脉,线形至披针形,基部收缩,无柄,向顶端渐渐狭细,长达5.6cm以上,宽4.0mm。脉粗约1.0mm。

产地层位 秭归县香溪;下侏罗统桐竹园组。

枞型枝(未定种B) *Elatocladus* sp. B
(图版60,4)

小枝细,宽1mm左右。叶,线形至披针形,长1.5cm,宽2.0mm,基部收缩很快,似有一极短的柄,向前端缓缓狭窄,可能呈螺旋状排列,每枚叶具1条脉。

产地层位 秭归县香溪;下侏罗统桐竹园组。

枞型枝(未定种C) *Elatocladus* sp. C
(图版60,11)

小枝互生,似同一平面上,小而狭,直而似线形的针叶,呈近对列状着生在小枝上。每枚叶具1条脉。

产地层位 当阳市观音寺;下侏罗统桐竹园组。

裂鳞果属 *Schizolepis* Braun,1847,emend. Chow,1963

松柏类果穗,圆柱状。果鳞呈螺旋状疏松排列,在未成熟的球果上或多或少贴在轴上,成熟时则和轴分离,基部具柄,顶端分裂成2个尖的或钝圆的裂片。种子位于果鳞腹面,裂片下部;苞鳞位于果鳞背面,极小,亦分裂为两瓣并分别和下部粘连,有的种的苞鳞可能呈圆形。

分布与时代 北半球;晚三叠世—早白垩世。

纤细裂鳞果 *Schizolepis gracilis*(Sze)Chow
(图版52,4、5)

果鳞由一个狭细的柄状伸长部分、分裂为两瓣的裂片及苞鳞组成,果鳞中有一个略隆起的脊,自柄向上伸,至鳞片中部渐消失。果鳞的2个钝圆裂片部分自基部向顶端有细弱的纵纹,苞鳞和柄融合向上至裂片基部分裂为2个披针形或楔形的瓣,分别伸向两侧。

产地层位 当阳市三里岗、秭归县香溪;下侏罗统桐竹园组、香溪组。

裸子植物花果种子化石 Fructus et Semina
似球果属 *Conites* Sternberg,1823

凡是分类位置不明的球果化石。都归于此形态属内。

分布与时代 世界各地;晚古生代—新生代。

似球果(未定种) *Conites* sp.
(图版60,2)

球果较大,具螺旋状排列的果鳞。果鳞基部宽,顶端尖而向外弯曲,轴较粗,种子未保存。

产地层位 当阳市观音寺马头洒;下侏罗统桐竹园组。

化石果属 *Carpolithus* Wallerius,1747

种子大小不一,形态有椭圆形、卵形、纺锤形等,表面平或有瘤等纹饰。

凡是分类位置不明,又不能归入它属的种子化石,均可归入本属。

分布与时代 世界各地;晚古生代—新生代。

灵乡化石果 *Carpolithus lingxiangensis* Chen
(图版60,9)

种子圆球形,直径5.13～6.27mm,顶部具一锥状尖针物,下部具一线状柄,粗0.3～0.4mm,长1.5～4.0mm,柄的最下端有一硬结物。果壳木质,壳厚0.30～0.38mm,其最外表皮还有断续不显的软表皮层,厚度约为果壳的1/2～2/3。内有种子2粒,肾状或半月形,长3.61mm,宽2.28mm,表面光滑,两粒之间被中心轴和中隔膜所分隔开。很可能属于松柏类的一种种子。

产地层位 大冶市灵乡;下白垩统灵乡组。

化石果(未定种) *Carpolithus* spp.
(图版33,6b、6c;图版52,1、2、10、11)

可能代表2～3种植物的种子化石,表面都光滑,椭圆形、圆形。其中图版33中的图6b较特殊,具纵脊纹饰。有的好像有翼。

产地层位 荆门市分水岭、赤壁市苦竹桥;上三叠统九里岗组。当阳市桐竹园;下侏罗统桐竹园组。

分类位置不明的裸子植物　Gymnospermae incertae sedis

湖北叶属　*Hubeiophyllum* Feng, 1977

叶羽状,顶端分裂呈掌状,轴中等粗,具细纵纹。裂片扇形或楔形,互生着生于轴的两侧,顶端波浪状,基部收缩,且下延于轴上。叶脉扇状,无中脉,但其中间有一条较粗的脉;叶脉二歧分叉多次,互相连接成伸长的多角形网格,裂片中间的网格较稀较大,边缘的网格较密较小。

分布与时代　湖北;晚三叠世。

狭细湖北叶　*Hubeiophyllum angustum* Feng
（图版49,5、6）

叶羽状分裂,羽轴粗3mm,轴面具纵纹。裂片线形或披针形,顶端裂片分裂呈掌状,往下则亚对生于轴上,羽状,裂片中部宽5~10mm,长30~50mm,顶端钝圆,基部狭细且下延,并与羽轴融合为一体。叶脉扇状,无中脉,多次二歧分叉,互相连接成稀疏的、伸长的多角形网格。（与楔形湖北叶可能为同种,只是反映不同部位的叶态而已。）

产地层位　远安县铁炉湾;上三叠统九里岗组。

楔形湖北叶　*Hubeiophyllum cuneifolium* Feng
（图版49,1、2）

叶羽状分裂,裂片呈扇形或楔形,互生。羽叶顶端的裂片呈掌状,其裂片最宽于顶端15~20mm,向基部逐渐收缩为一扁平的柄,并下延与轴合为一体。叶脉扇状,互相连接成伸长的多角形网格,其中间的一条叶脉稍粗于其他叶脉。

产地层位　远安县铁炉湾;上三叠统九里岗组。

石根属　*Radicites* Potonie, 1893

根的印痕化石,不具节和节间。主根向两侧分出侧根,侧根上着生许多分叉或不分叉的细线状或毛状附属物。有的无主、侧根之分。

分布与时代　世界各地;晚古生代及中生代。

石根（未定种）　*Radicites* sp.
（图版10,9）

较粗的根(主根?),3~4mm粗,其两侧分出许多毛发状的细根,不分叉。

产地层位　大冶市保安大洪山;乐平统龙潭组。

二、属种拉丁名、中文名对照索引

A

D

E

F

F. podozamioides Lih　苏铁杉型费尔干杉　　　　　　　T₃*j*　71　58　4

F. cf. *urjanchaica* Neuberg　乌梁海费尔干杉（相似种）　T₃*j*　71　57　2、3

F. sp. 费尔干杉（未定种）　　　　　　　　　　　　　T₃*j*　72　58　2

Fimbriotheca Zhu et Chen，1981　睫囊蕨属　　　　　　27

F. tomentosa Zhu et Chen　睫囊蕨　　　　　　　　　P₃*l*　27　9　2～5

G

化石名称	层位	页	图版	图
Gigantonoclea (Koidzumi)，emend. Gu et Zhi，1974				
单网羊齿属		39		
G. cf. *guizhouensis* Gu et Zhi　贵州单网羊齿（相似种）	P₃*l*	40	10	6
G. sp. A　单网羊齿（未定种 A）	P₃*l*	40	10	7
G. sp. B　单网羊齿（未定种 B）	P₃*l*	40	9	1
Ginkgoites Seward，1919，emend. Florin，1936				
似银杏属		64		
G. cf. *chowi* Sze　周氏似银杏（相似种）	J₁*t*	64	53	2、3
G. cf. *ferganensis* Brick　费尔干似银杏（相似种）	J₁*t*	64	53	1
G. cf. *marginatus* (Nathorst)　具边似银杏（相似种）	J₁*t*	64	53	6
G. obrutschewi Seward　奥勃鲁契夫似银杏	J₁*t*	65	50	6
G. tasiakouensis Wu et Li　大峡口似银杏	J₁*t*	65	54	1、2
Gleichenites Seward，1926　似里白属		30		
G. nitida Harris　整洁似里白	T₃*j*	30	16	5
G. yipinglangensis Li et Tsao　一平浪似里白	T₃*j*	31	16	4
Glossophyllum Krausel，1943　舌叶属		68		
G. shensiense Sze　陕西舌叶	T₃*j*	68	52	7～9
Goeppertella Ôishi et Yamasita，1936　葛伯特蕨属		35		
G. ? sp. 葛伯特蕨？（未定种）	T₃*j*	35	23；24	6；1、2

H

化石名称	层位	页	图版	图
Hausmannia Dunker，1846　豪士曼蕨属		35		
H. (*Protorhipis*) *ussuriensis* Kryshtofovich				
乌苏里豪士曼蕨	T₃*j*	35	25	1、2
Hsiangchiphyllum Sze，1949　香溪叶属		64		
H. trinerve Sze　三脉香溪叶	J₁*t*	64	42	3、4

O

P

R

S

T

U

V

W

Z

三、图版说明

图 版 1

图 版 2

图 版 3

图 版 4

1、2. *Tielingella tielingensis* Liang et Tsao   (9页)

 1. 叠层石纵断面，手标本，×1/3，ST08；

 2. 示叠层石简单分叉处之局部，×1/2，ST09；Pt_2D、Pt_2s

3～5. *Baicalia* cf. *baicalica* (Maslov) Krylov   (10页)

 3. 叠层石横断面，标本光面，×1/2，ST10；

 4. 叠层石纵断面，标本光面，×3/5，ST11；

 5. 叠层石薄片，示穹状基本层及基部收缩的子柱体，×1，ST12；Pt_2s

6、7. *Chihsienella chihsienensis* Liang et Tsao   (10页)

 6. 叠层石横断面，野外实照，×1/6；

 7. 叠层石纵断面，野外实照，×1/6；Pt_2D、Pt_2s

图 版 5

1～3. *Paracolonnella luohanlingensis* Z. H. Sun (for. nov.)   (8页)

 1. 叠层石纵断面，野外实照，×1/7；2. 叠层石横断面，野外实照，×1/7；

 3. 同1的纵断面，野外实照，×1/10；Pt_2D

4、5. *Colonnella* for.   (8页)

 4. 叠层石纵断面，标本光面，×1/2，ST13；

 5. 叠层石横断面，野外实照，×1/10；Pt_2D、Pt_2s

6、7. *Tielingella jingshanensis* Z. H. Sun (for. nov.)   (9页)

 6、7. 均为叠层石纵断面，野外实照，均×1/9；Pt_2D

8. *Cryptozoon* for.   (11页)

 叠层石纵断面，野外实照，×1/12；Pt_2D

9. *Scopulimorpha regularis* Liang   (11页)

 叠层石纵断面，野外实照，×1/6；Pt_2D、Pt_2s

图 版 6

1、2. *Lepidodendropsis arborescens* (Sze) Sze   (17页)

 均×1，1. 借用湖南长沙县跳马涧标本；D_3h

3. *Lepidodendropsis guanzhuangensis* Feng et Meng   (18页)

 3a. ×1，3b. ×2，EP1005；D_3C_1x

4～6. *Leptophloeum rhombicum* Dawson   (17页)

 4～5. 均×1，EP1006—1007，5. 单独叶座；$D_{2-3}y$，6a. ×1，6b. ×3；D_3h

7. *Sublepidodendron yichangense* Feng et Meng　　　　　　　　　　　　　　　　(19页)

　　　×1；D_3C_1x

8. *Cyclostigma hunanense* Feng et Meng　　　　　　　　　　　　　　　　　　　(17页)

　　　8a. ×1, 8b. ×2；D_3C_1x

9. *Stigmaria ficoides* (Sternberg)　　　　　　　　　　　　　　　　　　　　　(21页)

　　　×1；D_3C_1x

图　版　7

1. *Lepidostrobus grabaui* Sze　　　　　　　　　　　　　　　　　　　　　　(20页)

　　　×2；D_3C_1x、D_3h

2. *Lepidostrobus wufengensis* Feng et Meng　　　　　　　　　　　　　　　　(20页)

　　　×1；D_3C_1x

3. *Lepidodendropsis hirmeri* Lutz　　　　　　　　　　　　　　　　　　　　(18页)

　　　3a. ×1, 3b. ×2；D_3C_1x

4. *Lepidodendropsis yangtziensis* Chen　　　　　　　　　　　　　　　　　　(18页)

　　　4a. ×1, 4b. ×3；$D_{2-3}y$

5. *Syringodendron hanyangense* Chen　　　　　　　　　　　　　　　　　　　(19页)

　　　5a. ×1, 5b. ×2；$D_{2-3}y$

6. *Sublepidodendron wuhanense* Chen　　　　　　　　　　　　　　　　　　　(19页)

　　　6a. ×2, 6b. ×1；$D_{2-3}y$

7. *Sublepidodendron songziense* Chen　　　　　　　　　　　　　　　　　　(19页)

　　　7a. ×1, 7b. ×3；D_3C_1x

8~10. *Archaeopteris macilenta* Lesquereux.　　　　　　　　　　　　　　(42页)

　　　8a. ×1, 8b. ×3, 着生孢子囊的生殖小羽片, 9、10, 均 ×1；D_3h

图　版　8

1~4. *Sphenophyllum yiduense* Chen　　　　　　　　　　　　　　　　　　　(22页)

　　　均 ×1, EP1031 ～ 1034；D_3C_1x

5. *Lepidostrobophyllum xiphidium* (Gothan et Sze)　　　　　　　　　　　　(20页)

　　　×2；D_3C_1x

6. *Archaeopteris macilenta* Lesquereux　　　　　　　　　　　　　　　　　(42页)

　　　6a. ×1, 6b. ×3, 生殖羽片顶端部位；D_3h

7. *Sublepidodendron mirabile* (Nathorst) Hirmer　　　　　　　　　　　　　(18页)

　　　7a. ×1, 7b. ×3, EP1002；D_3C_1x、$D_{2-3}y$

8. *Cyclostigma kiltorkense* Haughton　　　　　　　　　　　　　　　　　　(17页)

×3；$D_{2-3}y$、D_3h

9. *Sphenopteris? recurua* Dawson （36页）

    9a. ×1，9b. ×3；D_3h

图 版 9

1. *Gigantonoclea* sp. B （40页）

    ×1，EP1016；P_3l

2～5. *Fimbriotheca tomentosa* Zhu et Chen （27页）

    均 ×1，2、3. 生殖小羽片，4、5. 营养小羽片，EP1017 ～ 1020；P_3l

6. *Annularia* sp. （23页）

    ×1，EP1022；P_3l

7. *Pectinangium baoanense* G. X. Chen (sp. nov.) （39页）

    7a. ×1，7b. ×2，EP1023；P_3l

图 版 10

1、2. *Plagiozamites oblongifolius* Halle （26页）

    均 ×1，EP1009—1010；P_3l

3. *Ullmannia frumentaria* (Schlotheim) Goeppert （74页）

    ×1，EP1011；P_3l

4、5. *Pecopteris* sp. （37页）

    均 ×1，EP1012、1013；P_3l

6. *Gigantonoclea* cf. *guizhouensis* Gu et Zhi （40页）

    ×1，EP1014；P_3l

7. *Gigantonoclea* sp. A （40页）

    ×1，EP1015；P_3l

8. *Annularia* sp. （23页）

    ×1，EP1021；P_3l

9. *Radicites* sp. （77页）

    ×1，EP1025；P_3l

图 版 11

1. *Neocalamites carrerei* (Zeiller) Halle （23页）

    1a. ×1，1b. ×2，EP21；T_3j、J_1t

2～4. *Neocalamites dangyangensis* Chen (23页)

    2a、3a、4. 均 ×1；2b、3b. 均 ×2；2、4. EP17、2；T_3j、J_1t

5. *Neocalamites rugosus* Sze (24页)

    ×1；T_3j

图 版 12

1. *Equisetostachys* sp. (26页)

    ×1，EP42；T_3j

2～4. *Neocalamites hoerensis* (Schimper) (24页)

    2a、3a、4. ×1，2b. 3b. ×3，EP11、14；T_3j、J_1t

5. *Neocalamites carrerei* (Zeiller) Halle (33页)

    ×1，EP37；T_3j、J_1t

6. *Neocalamites carcinoides* Harris (23页)

    6a. ×1，6b. ×2，EP8；J_1t

7. *Equisetites* sp. (26页)

    7a. ×1，7b. ×2，EP40；T_3j

8. *Equisetites lufengensis* Li (26页)

    8a. ×1，8b. ×2，EP28；T_3j

9. *Equisetites koreanicus* Kon'no (25页)

    ×1；J_1t

10、11. *Neocalamites* cf. *meriani* Brongniart (24页)

    均 ×1，EP34、35；T_3j

12、13. *Equisetites sarrani* (Zeiller) (25页)

    12、13a. ×1，13b. ×2，EP29、41；T_3j

14. *Neocalamites* sp. (24页)

    ×1；T_3j

图 版 13

1～3. *Equisetites koreanicus* Kon'no (25页)

    1. 约 ×0.8，2、3. ×1；J_1t

4. *Neocalamites* cf. *nathorsti* Erdtman (24页)

    4a. ×1，4b. ×3，J_1t

5. *Equisetites brevidentatus* Sze (26页)

    5a. ×1，5b. ×2，EP23；T_3j

3、4. *Todites princeps* (Presl) Gothan （30页）

   3. 生殖羽片，3a. ×1，3b. ×3；

   4. 根状茎，4a. ×1，4b. ×2，EP5051；T_3j、T_3J_1w、J_1t

图 版 18

1. *Todites princeps* (Presl) Gothan （30页）

   营养羽片，×1，EP82；T_3j、T_3J_1w、J_1t

2. *Cladophlebis kwangyuanensis* Li （38页）

   2a. ×1，2b. ×3，EP91；T_3j

3. *Cladophlebis asiatica* Chow et Yeh （37页）

   ×1，EP109；J_1t

图 版 19

1. *Todites williamsoni* (Brongniart) Seward （30页）

   ×1，EP101；J_1t

2. *Todites scoresbyensis* Harris （30页）

   ×1；T_3j

3、4. *Cladophlebis dangyangensis* Chen （37页）

   3、4a. ×1，4b. ×2，EP5061；J_1t

5. *Cladophlebis* cf. *raciborskii* Zeiller （38页）

   5a. ×1，5b. ×2，EP98；T_3j

图 版 20

1～3. *Phlebopteris hubeiensis* Chen （31页）

   1. 掌状全叶，×1；2. 营养羽片，2a. ×1，2b. ×3，EP5077；

   3. 生殖羽片，3a. ×1，3b. ×3；J_1t

4. *Phlebopteris* cf. *polypodioides* Brongniart （32页）

   生殖羽片，×1；J_1t

5. *Phlebopteris* cf. *brauni* (Goeppert) （32页）

   营养羽片，×1；J_1t

图　版　21

图　版　22

图　版　23

图　版　24

4. *Thaumatopteris remauryi* (Zeiller) Ôishi et Yamasita　　　　　　　　　　(33页)

　　×1；T_3j

图　版　25

1、2. *Hausmannia* (*Protorhipis*) *ussuriensis* Kryshtofovich　　　　　　　(35页)

　　1a、2.　×1，1b.　×2，EP241、242；J_1t

3. *Clathropteris platyphylla* (Goeppert)　　　　　　　　　　　　　　　(35页)

　　×1，EP222；T_3j、J_1t

4. *Clathropteris meniscioides* Brongniart　　　　　　　　　　　　　　(34页)

　　×1，EP223；J_1t

5. *Clathropteris mongugaica* Srebrodolskaja　　　　　　　　　　　　(34页)

　　×1；T_3j

6. *Coniopteris burejensis* (Zalessky) Seward　　　　　　　　　　　　(36页)

　　生殖羽片，6a.　×1，6b.　×3，EP178；J_1t

7. *Thaumatopteris nippornica* Ôishi　　　　　　　　　　　　　　　　(33页)

　　×1；T_3j

图　版　26

1、2. *Coniopteris* cf. *murrayana* (Brongniart)　　　　　　　　　　　　(36页)

　　1、2a.　均×1，2b.　×3；J_1t

3、4. *Coniopteris hymenophylloides* Brongniart　　　　　　　　　　　(36页)

　　3a、4a.　均×1，3b、3c、4b.　均×3，4. EP186；J_1t

5. *Coniopteris burejensis* (Zalessky) Seward　　　　　　　　　　　　(36页)

　　×1；J_1t

图　版　27

1～3. *Lepidopteris stuttgartiensis* (Jaeger) Schimper　　　　　　　　　(43页)

　　均×1，EP251、253、254；T_3j、T_3J_1w

4～8. *Lepidopteris ottonis* (Goeppert) Schimper　　　　　　　　　　　(43页)

　　4～6、7a、8a.　均×1，7b、8b.　×2；5、6、8. EP5006～5008；T_3j

图　版　28

1～3. *Thinnfeldia rhomboidalis* Ettingshausen　　　　　　　　　　　　　　　　　(44页)

　　　1a、2、3. 均 ×1, 1b. ×2, EP281～283; T_3j

4. *Thinnfeldia chibiiensis* G. X. Chen (sp. nov.)　　　　　　　　　　　　　　(43页)

　　　4a. ×1, 4b. ×2. EP271; T_3j

5. *Ctenozamites sarrani* Zeiller　　　　　　　　　　　　　　　　　　　　　　　(47页)

　　　×1; T_3j

图　版　29

1. *Podozamites* aff. *mucronatus* Harris　　　　　　　　　　　　　　　　　　　(71页)

　　　1a. ×1, 1b、1c. ×2; J_1t

2. *Cycadocarpidium erdmanni* Nathorst　　　　　　　　　　　　　　　　　　　(72页)

　　　2a. ×1, 2b. ×3; T_3j

3、4. *Thinnfeldia spatulata* G. X. Chen (sp. nov.)　　　　　　　　　　　　(44页)

　　　均 ×1, EP687、688; T_3j

图　版　30

1～3. *Ctenozamites cycadea* (Berger)　　　　　　　　　　　　　　　　　　　　(46页)

　　　1a、2、3. 均 ×1, 1b. ×2, EP272～274; T_3j

4、5. *Pterophyllum bavieri* Zeiller　　　　　　　　　　　　　　　　　　　　　(48页)

　　　均 ×1, 5. EP771; T_3j

图　版　31

1. *Pterophyllum firmifolium* Ye　　　　　　　　　　　　　　　　　　　　　　　(48页)

　　　1a. ×1, 1b. ×3, J_1t

2、3. *Ctenophyllum hubeiense* Chen　　　　　　　　　　　　　　　　　　　　　(47页)

　　　2a、3. ×1, 2b. ×2, EP5094、5096; J_1t

4. *Ctenophyllum decurrens* Feng　　　　　　　　　　　　　　　　　　　　　　(47页)

　　　×1; T_3j

均×1, 4. EP727；J_1t

6～8. *Anomozamites loczyi* Schenk （52页）

　　均×1, EP570～572；T_3j

图 版 35

1～5. *Anomozamites chibiensis* G. X. Chen (sp. nov.) （52页）

　　1、2a、3～5. 均×1, 2b. ×3, EP536、539～541、547；T_3j

6～8. *Anomozamites kuzhuensis* G. X, Chen (sp. nov.) （51页）

　　6、7a、8. 均×1, 7b. ×2, EP553～555；T_3j

图 版 36

1、2. *Nilssonia undulata* Harris （58页）

　　均×1, 1. EP5105；J_1t

3、4. *Ptilophyllum hsingshanense* Wu （54页）

　　均×1, 3. EP461；J_1t

5、6. *Ptilophyllum contiguum* Sze （54页）

　　均×1, 6. EP477；J_1t

7. *Ptilophyllum pecten* (Phillips) （54页）

　　×1；J_1t

8. *Anomozamites amdrupiana* Harris （50页）

　　×1；T_3j

9. *Pterophyllum magnificum* YDS （49页）

　　×1, EP686；T_3j

10. *Pterophyllum sinense* Li （50页）

　　×1；T_3j

图 版 37

1、4. *Otozamites hsiangchiensis* Sze （53页）

　　1、4a. ×1, 4b. ×2, EP731、733；J_1t

2. *Otozamites indosinensis* Zeiller （53页）

　　×1, EP740；J_1t

3. *Otozamites* cf. *klipsteinii* Dunker （53页）

　　3a. ×1, 3b. ×2, EP741；K_1l

5、6. *Nilssoniopteris immersa* (Nathorst) Florin （55页）

均 × 1，EP515、516；T$_3$*j*

7、8. *Anomozamites* cf. *marginatus* Nathorst　　　　　　　　　　（52页）

均 × 1，EP712、713；J$_1$*t*

9、10. *Nilssoniopteris jourdyi* (Zeiller) Florin　　　　　　　　　　（56页）

均 × 1，EP512、513；T$_3$*j*

图　版　38

1. *Otozamites mixomorphus* Ye　　　　　　　　　　　　　　　（53页）

× 1；J$_1$*t*

2. *Zamites sinensis* Sze　　　　　　　　　　　　　　　　　（55页）

× 1；J$_1$*t*

3. *Zamites hubeiensis* G. X. Chen (sp. nov.)　　　　　　　　（55页）

3a. × 1，3b. × 2，EP425；T$_3$*j*

4、5. *Ptilophyllum* cf. *sokalense* Doludenko　　　　　　　　　（54页）

均 × 1；J$_1$*t*

6. *Nilssoniopteris* cf. *vittata* (Brongniart) Florin　　　　　　　　（56页）

× 1；J$_1$*t*

图　版　39

1. *Nilssonia pterophylloides* Nathorst　　　　　　　　　　　　（58页）

1a. × 1，1b. × 3；J$_1$*t*

2. *Nilssonia fragilis* Harris　　　　　　　　　　　　　　　　（57页）

× 1，EP497；J$_1$*t*

3、4. *Nilssonia orientalis* Heer　　　　　　　　　　　　　　　（58页）

均 × 1，EP495、496；J$_1$*t*

5. *Nilssonia* cf. *tenuinervis* Sewad　　　　　　　　　　　　　（58页）

5a. × 1，5b. × 3；J$_1$*t*

图　版　40

1、2. *Nilssonia* cf. *compta* (Phillips)　　　　　　　　　　　　（56页）

均 × 1，EP482、483；J$_1$*t*

3. *Nilssonia mosserayi* Stockmans et Mathieu　　　　　　　　　（58页）

3a. × 1，3b. × 2，EP5103；J$_1$*t*

4．*Nilssonia fragilis* Harris (57页)

    ×1；J₁*t*

5．*Nilssonia* cf. *helmerseniane* (Heer) (57页)

    ×1，EP493；J₁*t*

图　版　41

1．*Nilssonia magnifolia* G. X. Chen (sp. nov.) (57页)

    1．×0.4，EP680，1a.　×1；T₃*j*

    1b．*Nanzhangophyllum donggongense* Chen (41页)

    ×0.4；T₃*j*

    1c．*Ctenozamites cycadea* (Berger) (46页)

    ×0.4；T₃*j*

    1d．*Marattia münsteri* (Geopper) Schimper (29页)

    ×0.4；T₃*j*

图　版　42

1．*Ctenis chinensis* Hsü (60页)

    ×1，EP711；J₁*t*

2．*Ctenis chaoi* Sze (60页)

    ×1，EP710；J₁*t*

3、4．*Hsiangchiphyllum trinerve* Sze (64页)

    均×1，3. EP778；J₁*t*

5．*Sphenobaiera acubasis* G. X. Chen (sp. nov.) (66页)

    5a.　×1，5b.　×2，EP633；J₁*t*

图　版　43

1．*Paradrepanozamites dadaochangensis* Chen (62页)

    1a.　×1，1b.　×2；T₃*j*

2．*Ctenis* sp. (60页)

    ×1；J₁*t*

3．*Taeniopteris nanzhangensis* Feng (40页)

    ×1；T₃*j*

图　版　44

1～5. *Ctenis crassinervis* G. X. Chen (sp. nov.)　　　　　　　　　　　　　(59页)

　　1a、2、3a～5a. 均×1, 1b、3b～5b. 均×2, EP702、706～709; T₃*j*

图　版　45

1、2. *Sphenozamites ? drepanoides* Li　　　　　　　　　　　　　　　　　(60页)

　　1、2a. ×1, 2b. ×3; T₃*j*

3. *Sinoctenis shazhenxiensis* Li　　　　　　　　　　　　　　　　　　　(63页)

　　3a. ×1, 3b. ×3; T₃*j*

4. *Taeniopteris* cf. *tenuinervis* Braun　　　　　　　　　　　　　　　　(41页)

　　×1; J₁*t*

5、6. *Nilssonia inouyei* Yokoyama　　　　　　　　　　　　　　　　　　(57页)

　　均×1; J₁*t*

图　版　46

1. *Sphenozamites yungjenensis* Hsu et Tuan　　　　　　　　　　　　　　(61页)

　　1a. ×1, 1b. ×2, EP447; T₃*j*

2、3. *Sinozamites hubeiensis* G. X. Chen (sp. nov.)　　　　　　　　　　(63页)

　　2、3a. ×1, 3b. ×2, EP431、417; T₃*j*

4、5. *Sphenozamites jingmenensis* G. X. Chen (sp. nov.)　　　　　　　　(61页)

　　均×1, EP411、412; T₃*j*

图　版　47

1、2. *Sphenozamites nanzhangensis* (Feng), emend. G. X. Chen　　　　　(61页)

　　1a、2a. ×1, 1b、2b. ×2, EP441、443; T₃*j*

3～5. *Drepanozamites nilssoni* (Nathorst)　　　　　　　　　　　　　　(62页)

　　3a、4、5. ×1, 3b. ×2, EP448～450; T₃*j*

图　版　48

1～3. *Mironeura hubeiensis* G. X. Chen (sp. nov.)　　　　　　　　　　(59页)

均 ×1，EP520～522；T_3j

4～6. *Thinnfeldia xiheensis* (Feng), emend. G. X. Chen （44页）

均 ×1，4. 为羽叶顶端的一部分，5、6. 为羽叶下部裂片的一段，5. EP524；T_3j

7、8. *Taeniopteris chibiensis* G. X. Chen (sp. nov.) （41页）

均 ×1，EP517、518；T_3j

图 版 49

1、2. *Hubeiophyllum cuneifolium* Feng （77页）

1a、2. ×1，1b. ×3；T_3j

3. *Sinoctenis calophylla* Wu et Li （63页）

×1；T_3j

4. *Sinoctenis minor* Feng （63页）

4a. ×1，4b. ×3；T_3j

5、6. *Hubeiophyllum angusturn* Feng （77页）

5、6a. ×1，6b. ×2；T_3j

图 版 50

1～3. *Nanzhangophyllum donggongense* Chen （41页）

1a. ×0.4，1b. ×1，EP682；2、3. ×1，EP676、681；T_3j

4、5. *Baiera furcata* (Lindley et Hutton) Braun （65页）

均 ×1，5. EP644；J_1t

6. *Ginkgoites obrutschewi* Seward （65页）

×1，EP648；J_1t

图 版 51

1. *Swedenborgia cryptomerioides* Nathorst （74页）

1a. ×1，1b. ×3；J_1t

2. *Ixostronus magnificus* Wu （68页）

×1；J_1t

3、4. *Aetheopteris rigida* G. X. Chen et Meng (gen. et sp. nov.) （45页）

均 ×1，副型；T_3j

5. *Annalepis zeilleri* Fliche （21页）

×1；T_2b

6. *Pterophyllum nathorsti* Schenk （49页）

$\times 1$; J_1t

图 版 52

1、2、10、11. *Carpolithus* spp. (76页)
　　均 $\times 1$, EP900～903; T_3j、J_1t

3. *Aetheopteris rigida* G. X. Chen et Meng (gen. et sp. nov.) (45页)
　　$\times 1$, EP685, 正型; T_3j

4、5. *Schizolepis gracilis* (Sze) Chow (75页)
　　4、5a. 均 $\times 1$, 5b. $\times 3$; J_1t

6. *Nagatostrobus linearis* Kon'no (73页)
　　6a. $\times 1$, 6b. $\times 2$, EP904; T_3j

7～9. *Glossophyllum shensiense* Sze (68页)
　　均 $\times 1$, EP432、672、664; T_3j

图 版 53

1. *Ginkgoites* cf. *ferganensis* Brick (64页)
　　$\times 1$, EP629; J_1t

2、3. *Ginkgoites* cf. *chowi* Sze (64页)
　　均 $\times 1$, EP626、627; J_1t

4、5. *Czekanowskia setacea* Heer (67页)
　　均 $\times 1$, EP611、612; J_1t

6. *Ginkgoites* cf. *marginatus* (Nathorst) (64页)
　　$\times 1$; J_1t

7. *Phoenicopsis angustifolia* Heer (68页)
　　$\times 1$, EP617; J_1t

图 版 54

1、2. *Ginkgoites tasiakouensis* Wu et Li (65页)
　　均 $\times 1$; J_1t

3～5. *Baiera elegans* Ôishi (65页)
　　均 $\times 1$, EP636～638; T_3j

6. *Phoenicopsis angustifolia* Heer (68页)
　　$\times 1$; J_1t

图 版 55

1. *Baiera ziguiensis* G. X. Chen (sp. nov.)　　　　　　　　　　　　　(66页)

　　1. ×0.47, 1a、1b、1c. 均 ×1, EP675; J₁*t*

图 版 56

1～3、6～8. *Sphenobaiera huangi* (Sze) Hsü　　　　　　　　　　　　(66页)

　　均 ×1, EP620、609、601、604、602、606; J₁*t*

4、5. *Sphenobaiera spectabilis* (Nathorst)　　　　　　　　　　　　　(67页)

　　均 ×1, EP607、619; J₁*t*

图 版 57

1. *Podozamites minutus* Ye　　　　　　　　　　　　　　　　　　　(71页)

　　×2; J₁*t*

2、3. *Ferganiella* cf. *urjanchaica* Neuberg　　　　　　　　　　　　(71页)

　　均 ×1; T₃*j*

4. *Podozamites latior* (Sze) Ye　　　　　　　　　　　　　　　　　(70页)

　　×1; J₁*t*

5. *Weltrichia* sp.　　　　　　　　　　　　　　　　　　　　　　　(56页)

　　×1; J₁*t*

6. *Czekanowskia hartzi* Harris　　　　　　　　　　　　　　　　　(67页)

　　×1; J₁*t*

图 版 58

1. *Podozamites minutus* Ye　　　　　　　　　　　　　　　　　　　(71页)

　　×1, EP389; J₁*t*

2. *Ferganiella* sp.　　　　　　　　　　　　　　　　　　　　　　(72页)

　　2a. ×1, 2b. ×3, EP390; T₃*j*

3. *Podozamites lanceolatus* (Lindley et Hutton)　　　　　　　　　　(70页)

　　×1, EP399; J₁*t*

4. *Ferganiella podozamioides* Lih　　　　　　　　　　　　　　　　(71页)

　　4a. ×1, 4b. ×2; T₃*j*

图 版 59

图 版 60

四、图版

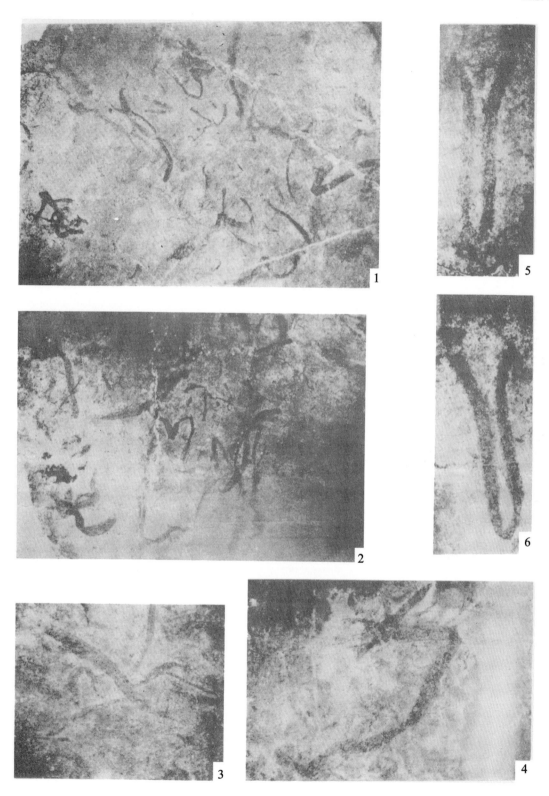

图版 2

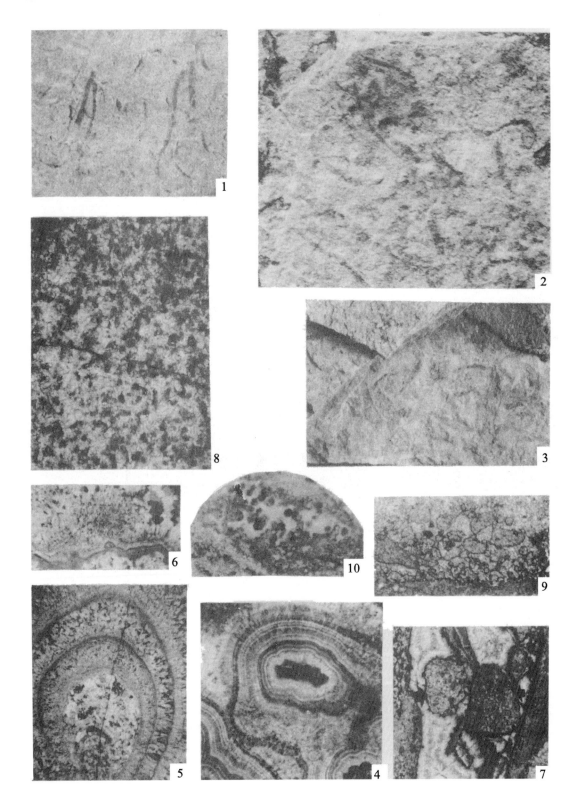

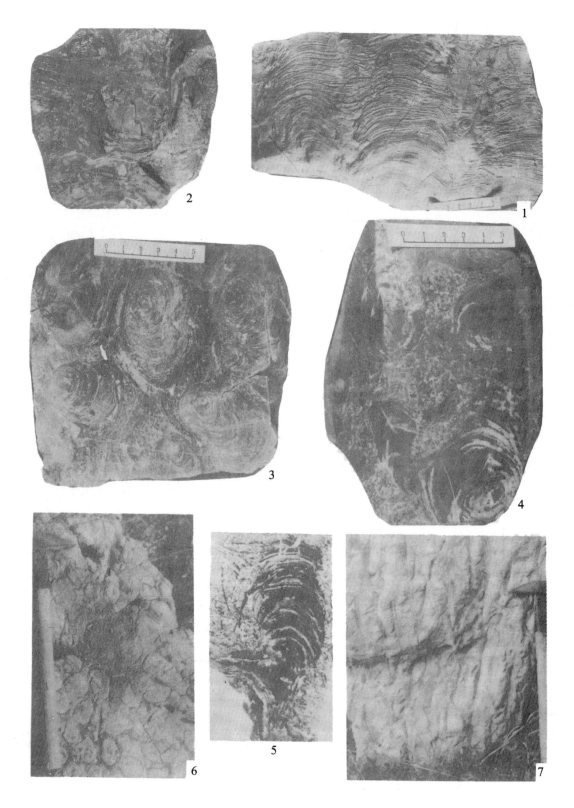

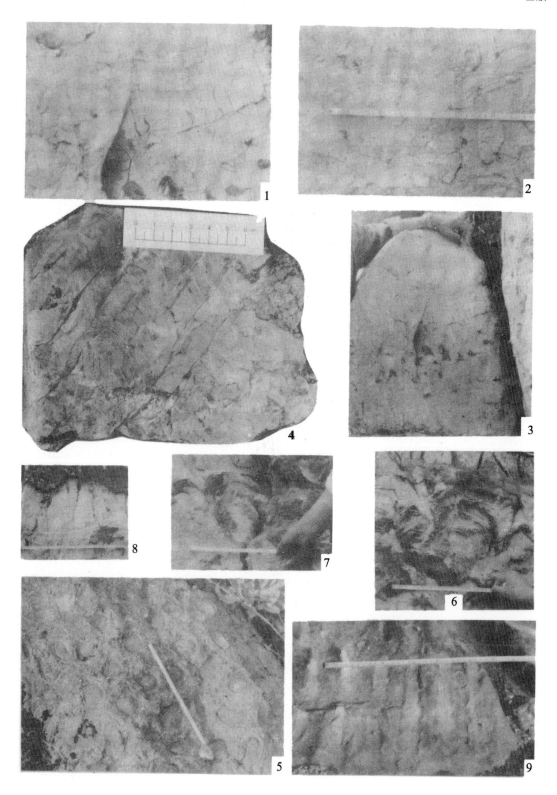

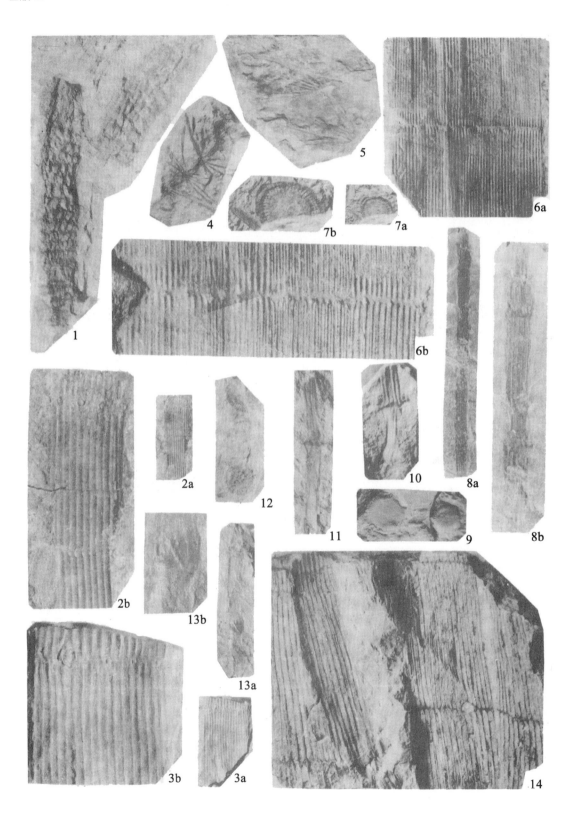

1 2 3

4b 4a 5b 5a

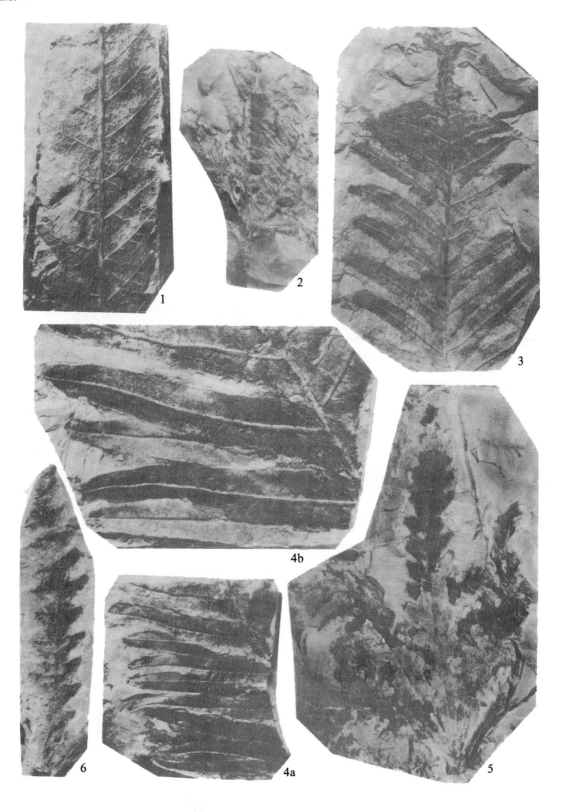

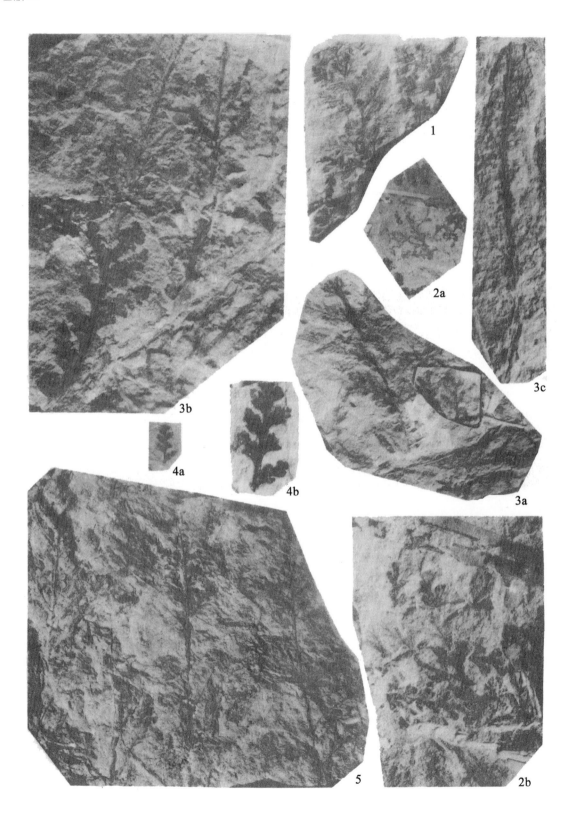

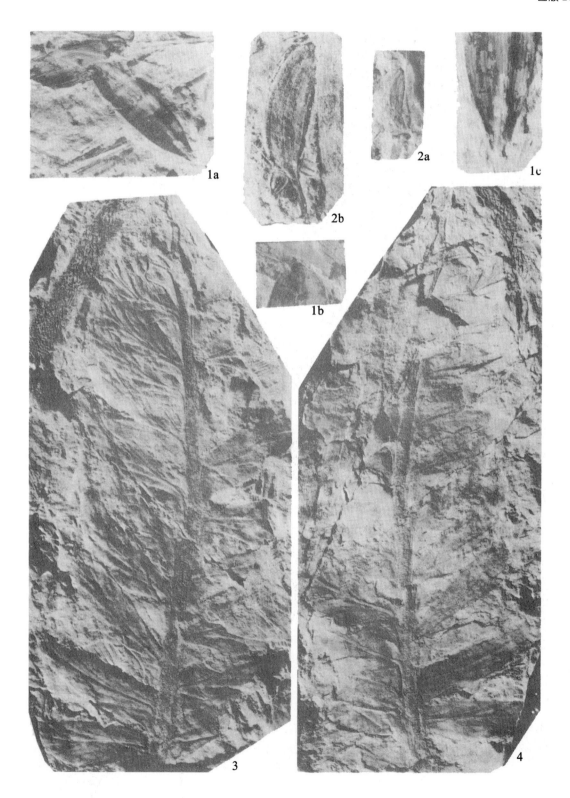

1a

2a

1c

2b

1b

3

4

1a

2a

3

2b

4

1b

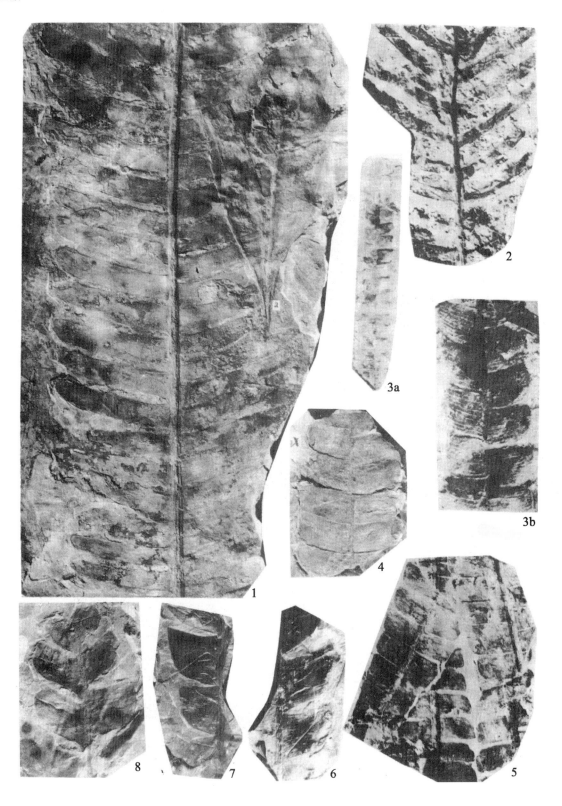

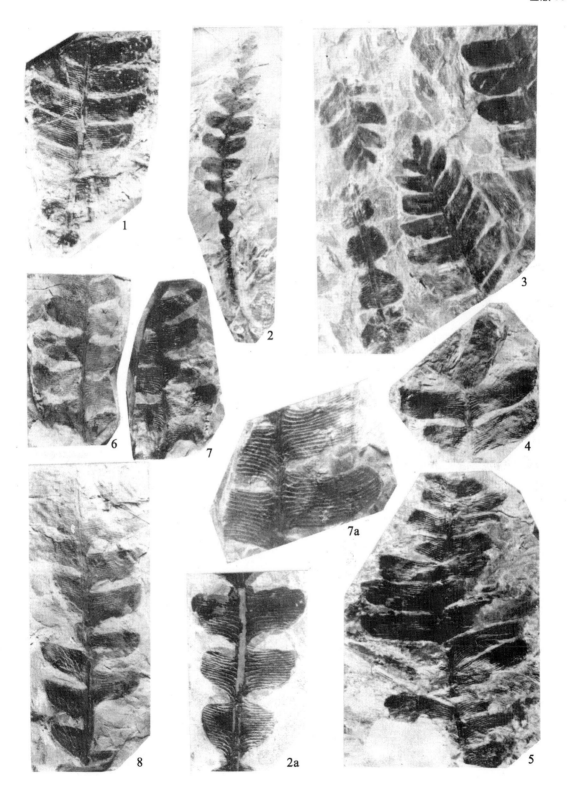

1a

2

3

1b

1b

1a

2

4

5

3a

3b

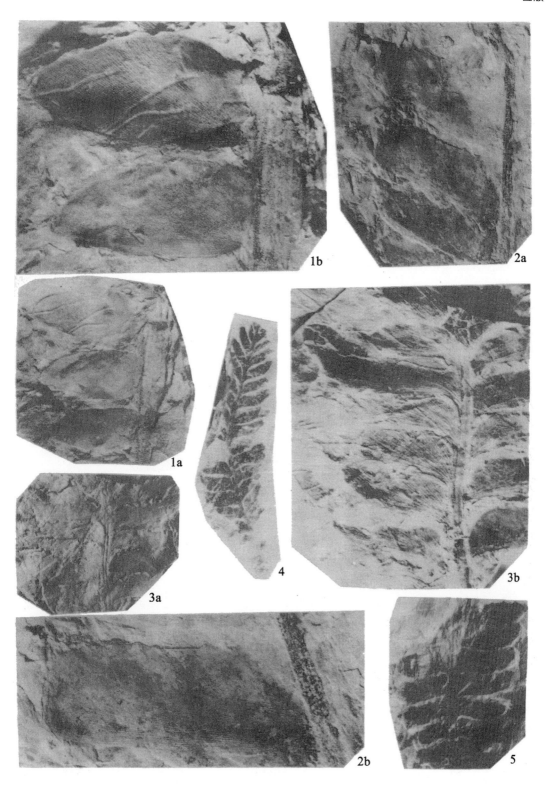

1b

2a

1a

4

3b

3a

2b

5

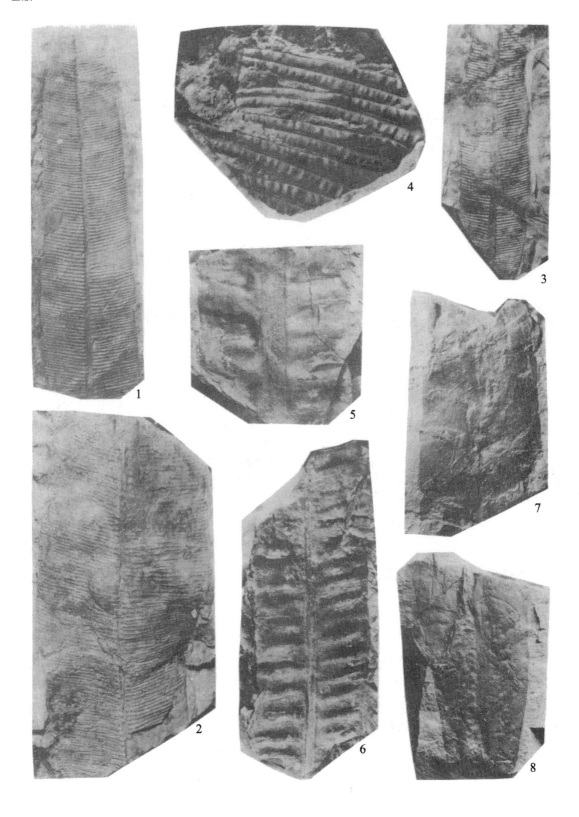

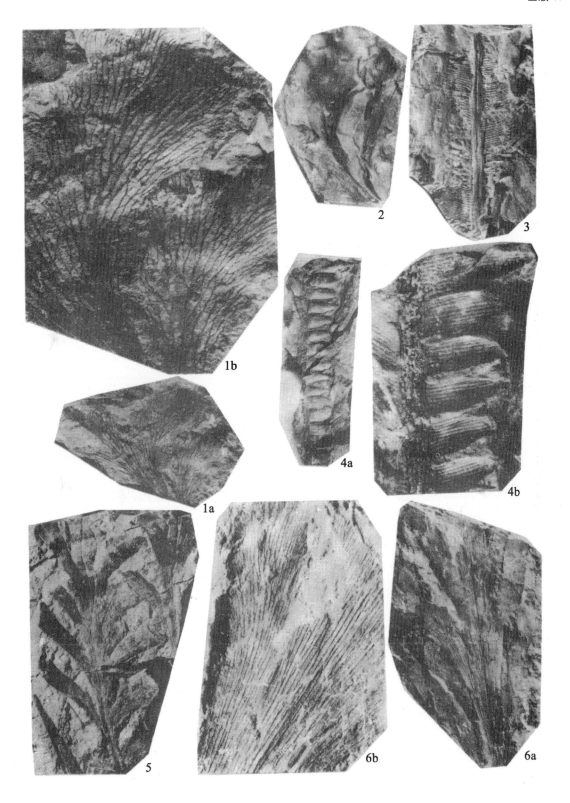

1a

6

2

1b

4

5

3

1a

1b

4

5

2

3

6